高等职业教育机电类专业新形态教材

车工实训指导教程

主　编　刘晓青
参　编　黄跃先　杨忠民　徐瑞超　张浩辰
主　审　修学强　张永军

机械工业出版社

本书根据高等职业教育人才培养的要求，结合编者多年来的教学实践经验编写而成，适用于高等职业院校装备制造类专业学生实操技能训练，机械企业人员上岗培训，车工职业技能等级证书中级工、高级工技能培训，也可作为各级各类车工技能比赛赛前培训辅助资源。

本书遵循“循序渐进，理论结合实际，系统培训，做学结合”的原则，以装备制造企业以及军工企业的岗位需求为依据，选取典型零件进行加工实训，结合工艺课程、刀具课程、量具课程等专业核心课程的内容，突出车削加工的操作技能，通过实训学习职业技能。

本书依照实训任务要求，共分为四个单元，包括车床的基本知识、基本操作、加工技能训练以及综合加工实例，还包括安全文明生产和职业道德与法律法规的内容，覆盖了金属车削加工所需要使用的刀具、夹具、量具等基础知识。

本书配有电子课件，凡使用本书作教材的教师可登录机械工业出版社教育服务网（http://www.cmpedu.com），注册后免费下载。

图书在版编目（CIP）数据

车工实训指导教程/刘晓青主编. —北京：机械工业出版社，2023.1（2025.2 重印）
高等职业教育机电类专业新形态教材
ISBN 978-7-111-71945-8

Ⅰ.①车…　Ⅱ.①刘…　Ⅲ.①车削-高等职业教育-教材
Ⅳ.①TG510.6

中国版本图书馆 CIP 数据核字（2022）第 204523 号

机械工业出版社（北京市百万庄大街 22 号　邮政编码 100037）
策划编辑：王英杰　　　　责任编辑：王英杰
责任校对：韩佳欣　王　延　　封面设计：张　静
责任印制：郜　敏
中煤（北京）印务有限公司印刷
2025 年 2 月第 1 版第 4 次印刷
184mm×260mm · 10.5 印张 · 222 千字
标准书号：ISBN 978-7-111-71945-8
定价：39.00 元

电话服务　　　　　　　　　网络服务
客服电话：010-88361066　　机　工　官　网：www.cmpbook.com
　　　　　010-88379833　　机　工　官　博：weibo.com/cmp1952
　　　　　010-68326294　　金　书　网：www.golden-book.com
封底无防伪标均为盗版　　机工教育服务网：www.cmpedu.com

前言

本书根据高等职业教育人才培养的要求，结合编者多年来的教学实践经验编写而成。

本书遵循“循序渐进，理论结合实际，系统培训，做学结合”的原则，以装备制造企业以及军工企业的岗位需求为依据，选取典型零件进行加工实训，结合工艺课程、刀具课程、量具课程等专业核心课程的内容，突出车削加工的操作技能，通过实训学习职业技能。

本书按照理实一体化的教学思路，将教学目标分为素养目标、知识目标和能力目标，旨在教学过程中综合培养学生的认知能力、分析能力、协作能力、心理适应能力等。教学的场地是一体化课堂，可综合运用多媒体教学、现场示范、巡回指导等教学手段。本书内容覆盖了金属车削加工所需要使用的刀具、夹具、量具等基础知识；适合任务式教学，采用活页式装订，满足对知识掌握不同步的学生的个性化需求；在内容中融入职业素养提升内容，让学生在学习知识和技能的过程中，潜移默化地接受爱国主义教育、爱岗敬业教育等。

本书由陕西国防工业职业技术学院刘晓青担任主编。安全文明生产守则、职业道德与相关法律法规由刘晓青编写，单元一、单元二由刘晓青编写，单元三由黄跃先、徐瑞超、张浩辰编写，单元四由刘晓青、杨忠民编写；全书由刘晓青统稿，由陕西国防工业职业技术学院修学强、张永军主审。

在本书编写过程中，陕西国防工业职业技术学院万良、金建军、赵鹏涛等老师，中国西电变压器有限责任公司韩学锋高级工程师和永道工程咨询（江苏）有限公司陕西分公司李向明高级工程师提出了大量宝贵的意见和建议，使得本书的知识点和技能点与实际生产中岗位技能点更加统一，在此表示衷心的感谢。

本书为“2022 年度陕西省地方课程地方教材及教辅资源研究课题成果”。

由于编者的水平和经验所限，书中难免存在不妥和错误，恳请读者批评指正。

编　者

二维码清单

名　　称	二维码	页码	名　　称	二维码	页码
安全文明生产		3、14	钻孔		61
工件的找正与装夹		25	麻花钻的刃磨		62
车刀的刃磨		29	车孔		63
车削台阶		49	内孔车刀的刃磨		64
手动进给车削外圆端面		49	铰孔		64
机动进给车削外圆端面		49	转动小滑板法车圆锥		67
车矩形槽和圆弧槽		58	偏移尾座法车圆锥		67
车平面槽		58	车三角形螺纹		68
切断		59	内外三角螺纹车刀的刃磨		70
切断刀和车槽刀的刃磨		59			

目录

安全文明生产守则

在我国的机械制造行业中，车床在金属切削机床的配置中约占50%。在实际生产中，大多数机械零件是通过车工的操作使工件达到规定的尺寸形状和精度，满足多种机械的设计使用要求，因此制定车工安全文明生产守则，是技能训练的需要，是安全文明生产的需要，也是一体化教学规范的需要。

车工安全文明生产守则是车工在车削加工零件的过程中应遵守的基本规则，是教师指导学生进行技能训练的重要依据，是实际生产中应自觉遵守、认真执行的具有约束性的规定。

坚持安全第一、文明生产是防止工伤和设备事故的重要保证，是教学管理的重要内容之一。安全文明生产的一些具体要求是长期生产活动中经验和教训的总结，必须严格执行。

【安全文明生产的注意事项】

1）工作时应穿工作服，戴袖套。女生应戴工作帽，辫子或长发应盘起来并塞在工作帽内。

2）禁止穿背心、裙子、短裤，禁止戴围巾、穿拖鞋或高跟鞋进入实训场地。

3）严格遵守安全操作规程。

4）注意防火和安全用电。

5）车床使用前应检查其各部分机构是否完好。

① 检查各传动手柄、变速手柄的原始位置是否正确。

② 手摇各进给手柄，检查进给运动是否正常。

③ 进行车床主轴和进给系统的变速检查，使主轴回转和纵向、横向进给由低速到高速运动，检查运动是否正常。

④ 主轴回转时，检查齿轮是否把润滑油甩出来。

6）工件和车刀必须装夹牢固，以防飞出伤人。卡盘必须装有保险装置。工件装夹好后，卡盘扳手必须随即从卡盘上取下。

7）装卸工件、更换刀具、变换速度、测量加工表面时，必须先停车。

8）不准戴手套操作车床。

9）操作车床时，必须集中精力，注意手、身体和衣服不要靠近回转中的机件。头不能离工件太近。

10）操作车床时，严禁离开工作岗位，不准做与操作内容无关的其他事情。

11）应使用专用铁钩清除切屑，不准用手直接清除。

12）操作中若出现异常现象，应及时停车检查；出现故障、事故应立即切断电源，及时申报，由专业人员维修，未修复不得使用。

【安全文明生产要求】

1）爱护刀具、量具、工具，并正确使用，操作放置稳妥、整齐、合理，并存放在固定位置便于操作时使用，用后应放回原处。

2）爱护机床和车间其他设备及设施。车床主轴箱盖上不应放置任何物品。

3）工具箱内应分类摆放物件。重物放置在下层，较轻的物品放置在上层，精密的物件应放置稳妥，不可随意乱放，以免损坏和丢失。

4）量具应经常保持清洁，用后应擦净、涂油，放入盒内，并及时归还工具室。所使用的量具必须定期校验，使用前应检查合格证确认其在允许使用期限内，以保证其度量准确。

5）不允许在卡盘及床身导轨上敲击或校直工件，床面上不准放置工具或工件。

6）装夹较重的工件时，应用木板保护床面。下班时若工件不卸下，应用千斤顶支承住。

7）车刀磨损后，应及时刃磨，不允许用钝刃车刀继续切削，以免增加车床负荷，损坏车床，影响工件表面的加工质量和生产率。

8）车削铸铁或气割下料的工件，应擦去车床导轨面上的润滑油，铸件上的型砂、杂质应尽可能去除干净，以免磨损床身导轨面。

9）使用切削液时，车床导轨面上应涂润滑油。切削液应定期更换。

10）毛坯、半成品和成品应分开放置。半成品和成品应堆放整齐、轻拿轻放，严防碰伤已加工表面。

11）工件图样、工艺卡片应放置在便于阅读的位置，并注意保持其清洁和完整。

12）工作地周围应保持清洁整齐，避免堆放杂物，防止绊倒。

13）工作结束后，应认真擦拭机床、工具、量具和其他附件，使各物件归位。车床按规定加注润滑油，将床鞍摇至床尾一端，各手柄放置到空档位置，最后清扫工作地，关闭电源。

【磨刀室使用注意事项】

磨刀室是车工专业安全事故发生率最高的地方。为此，抓好磨刀室的安全是教学重中之重。

1）学生训练磨刀必须在教师的指导和示范下进行。

2）在没有教师指导的情况下，禁止学生在磨刀室训练磨刀。

3）砂轮磨损过大、跳动严重必须及时修整以保证安全。

4）严厉禁止学生在砂轮端面磨刀。

【车床操作的安全提示】

安全文明生产

1）车床主轴箱变速必须停车进行。

2）进给箱变换进给速度可在主轴低速运行的情况下进行。

3）初学者使用机床车削螺纹不能使用高速。

【职业道德的基本概念】

职业道德是规范约束从业人员职业活动的行为准则。加强职业道德建设是推动社会主义物质文明和精神文明建设的需要，是促进行业、企业生存和发展的需要，也是提高从业人员素质的需要。掌握职业道德基本知识，树立职业道德观念是对每一个从业人员最基本的要求。

1. 道德与职业道德

道德，就是一定社会、一定阶级向人们提出的处理人和人之间、个人与社会之间、个人与自然之间各种关系的一种特殊的行为规范。道德是做人的根本。道德是一个庞大的体系，而职业道德是这个体系中一个重要部分，它是社会分工发展到一定阶段的产物。所谓职业道德，是指从事一定职业劳动的人们，在特定的工作和劳动中以其内心信念和特殊社会手段来维持的，以善恶进行评价的心理意识、行为原则和行为规范的总和，它是人们在从事职业的过程中形成的一种内在的、非强制性的约束机制。职业道德的内容包括：职业道德意识、职业道德行为规范和职业守则等。职业道德是社会道德在职业行为和职业关系中的具体体现，是整个社会道德生活的重要组成部分。

2. 职业道德的特征

职业道德的特征有以下三个方面：

一是范围上的局限性。任何职业道德的适应范围都不是普遍的，而是特定的、有限的。一方面，它主要适用于走上社会岗位的成年人；另一方面，尽管职业道德也有一些共同性的要求，但某一特定行业的职业道德也只适用于专门从事本行业的人。

二是内容上的稳定性和连续性。由于职业分工有其相对的稳定性，与其相适应的职业道德也就有较强的稳定性和连续性。

三是形式上的多样性。因行业而异，一般来说，有多少种行业，就有多少种不同的职业道德。

【职业道德的社会作用】

1. 职业道德与企业的发展

职业道德是企业文化的重要组成部分。职工是企业的主体，企业文化必须以企业职工为中介，借助职工的生产、经营和服务行为来实现。

职业道德是增强企业凝聚力的手段。职业道德是协调职工同事之间、职工与领导之间以及职工与企业之间关系的法宝。

职业道德可以提高企业的竞争力。职业道德有利于企业提高产品和服务的质量；可以降低产品成本、提高劳动生产率和经济效益；有利于企业的技术进步；有利于企业摆脱困难，实现企业阶段性的发展目标；有利于企业树立良好形象、创造著名品牌。

2. 职业道德与人自身的发展

职业道德是事业成功的保证。没有职业道德的人干不好任何工作，每一个成功的人往往都有较高的职业道德。

职业道德是人格的一面镜子。人的职业道德品质反映着人的整体道德素质，职业道德的提高有利于人的思想道德素质的全面提高，提高职业道德水平是人格升华最重要的途径。

【社会主义职业道德】

职业道德是社会主义道德体系的重要组成部分。由于每个职业都与国家、人民的利益密切相关，每个工作岗位、每一次职业行为，都包含着如何处理个人与集体、个人与国家利益的关系问题，因此职业道德是社会主义道德体系的重要组成部分。

职业道德的实质内容是树立全新的社会主义劳动态度。职业道德的实质就是在社会主义市场经济条件下，约束从业人员的行为，鼓励其通过诚实的劳动，在改善自己生活的同时，增加社会财富，促进国家建设。劳动无疑是个人谋生的手段，也是为社会服务的途径。劳动的双重含义决定了从业人员要有全新的劳动态度和职业道德观念。社会主义职业道德的基本规范如下：

1. 爱岗敬业，忠于职守

任何一种道德都是从一定的社会责任出发，在个人履行对社会的责任的过程中，可培养相应的社会责任感，从长期的良好行为和规范中建立起个人的道德。因此，职业道德首先要从爱岗敬业、忠于职守的职业行为规范开始。

爱岗敬业是对从业人员工作态度的首要要求。爱岗就是热爱自己的工作岗位，热爱本职工作。敬业就是以一种严肃认真的态度对待工作，工作勤奋努力，精益求精，尽心尽力，尽职尽责。

爱岗与敬业是紧密相连的，不爱岗很难做到敬业，不敬业更谈不上爱岗。如果工作不认真，能混就混，爱岗就会成为一句空话。只有工作责任心强，不辞辛苦，不怕麻烦，精益求精，才是真正的爱岗敬业。

忠于职守，就是要求把自己职业范围内的工作做好，达到工作质量标准和规范要求。如果从业人员都能够做到爱岗敬业、忠于职守，就会有力地促进企业与社会的进步和发展。

2. 诚实守信，办事公道

诚实守信、办事公道是做人的基本道德品质，也是职业道德的基本要求。诚实就是人在社会交往中不讲假话，能够忠于事物的本来面目，不歪曲、篡改事实，不隐瞒自己的观点，不掩饰自己的情感，光明磊落，表里如一。守信就是信守诺言，讲信誉、重信用，忠实履行自己应承担的义务。办事公道是指在利益关系中，正确处理好国家、企业、个人及他人的利益关系，不徇私情，不谋私利。在工作中要处理好企业和个人的利益关系，做到个人服从集体，保证个人利益和集体利益相统一。

信誉是企业在市场经济中赖以生存的重要依据，而良好的产品质量和服务是建立企业信誉的基础。企业的从业人员必须在职业活动中以诚实守信、办事公道的职业态度，为社会创造和提供质量过硬的产品和服务。

3. 遵纪守法，廉洁奉公

任何社会的发展都需要有力的法律、规章制度来维护社会各项活动的正常运行。法律、法规、政策和各种组织制定的规章制度，都是按照事物发展规律制定出来的，用于约束人们的行为规范。从业人员除了要遵守国家的法律、法规和政策外，还要自觉遵守与职业活动行为有关的制度和纪律，如劳动纪律、安全操作规程、操作程序、工艺规范等，只有这样才能很好地履行岗位职责，完成本职工作任务。

廉洁奉公强调的是，要求从业人员公私分明，不损害国家和集体的利益，不利用岗位职权谋取私利。遵纪守法、廉洁奉公，是每个从业人员都应该具备的道德品质。

4. 服务群众，奉献社会

服务群众就是为人民服务。一个从业人员既是别人服务的对象，又是为别人服务的主体。每个人都承担着为他人做出职业服务的职责，要做到服务群众就要做到心中有群众、尊重群众、真心对待群众，做什么事都要想到方便群众。

奉献社会是职业道德中的最高境界，同时也是做人的最高境界。奉献社会就是不计个人的名利得失，一心为社会做贡献，是指一种融在一件件具体事情中的高尚人格，是为社会服务，为他人服务，全心全意为人民服务。从业人员达到了一心为社会做奉献的境界，就与为人民服务的宗旨相吻合了，就必定能做好自己的本职工作。

【相关法律法规】

法律是维护国家稳定、保障各项事业蓬勃发展的最强有力的武器，也是捍卫人民群众权利和利益的工具，如《中华人民共和国民法典》《中华人民共和国劳动法》《中华人民共和国刑法》等。我们不但要爱岗敬业，遵纪守法，还要关注与我们息息相关的一些法律法规，比如《中华人民共和国劳动法》，在工作时间和休息休假、工资、劳动安全卫生、女职工特殊保护、职业培训、社会保险和福利、劳动争议等方面，明确了企业与职工之间的权利和义务，以保护企业或职工的正常权益不受侵害。

单元一 普通车床基本知识

【学习导航】

学习目标	了解车床的结构、工作原理、应用及分类；掌握普通车床的相关参数及保养润滑等基本知识；牢记并严格执行安全操作规程，熟记注意事项并按注意事项处理相关问题	
重点难点	重点：保养润滑、安全操作规程及注意事项 难点：车床结构、工作原理	
教学目标	素养目标	培养严肃认真、一丝不苟、有共产主义理想的高职学生
	知识目标	了解车床原理，掌握车床的相关参数及保养润滑的基本知识
	能力目标	熟悉车床，严格遵守安全操作规程

【任务描述】

了解机械加工实训中心的规章制度及车床操作规程。了解普通车床的结构组成、工作原理、分类及应用。掌握普通车床的相关参数及保养润滑等基本知识。

【任务分组】

学生任务分配表

班级		组别		组长	
姓名		学号		指导教师	
组员		任务分工			
学号	姓名				
未尽事项说明					

【任务引导】

任务名称:普通车床基本知识					设备编号		
班级		姓名		组别		日期	

一、明确任务目的

1. 了解实训中心的规章制度,遵守 7S 现场管理的相关规定。
2. 熟悉普通车床的安全操作规程和注意事项。
3. 了解设备型号所代表的技术参数。
4. 了解普通车床的结构组成及工作原理。
5. 了解普通车床的分类及应用。
6. 掌握普通车床日常维护与保养润滑的方法。

二、引导问题

1. 7S 管理现场管理指的是什么?

2. 操作车床时可以戴手套吗?为什么?

3. CA6140、CS6140、CD6140A 各代表什么含义?

4. 什么是车削加工？车床能加工哪些类型的零件？

5. 车床的工作原理是什么？车床由哪些部分组成？各部分的功用是什么？

6. 车床有哪些种类？各应用于哪些场合？

7. 车床如何保养？

8. 吴运铎对我国的军工事业做了哪些贡献？

【相关知识】

一、普通车床的结构组成及工作原理

1. 普通车床的结构组成

本教程使用的是 CS6140 型车床，采用的是卧式车床布局，横纵两坐标运动，可以对各种轴类和盘类零件进行切削加工，其外形结构如图 1-1 所示。车床主要由床身、主轴箱、交换齿轮箱、进给箱、溜板箱、刀架、尾座及切削液供给装置和照明装置等部分组成。

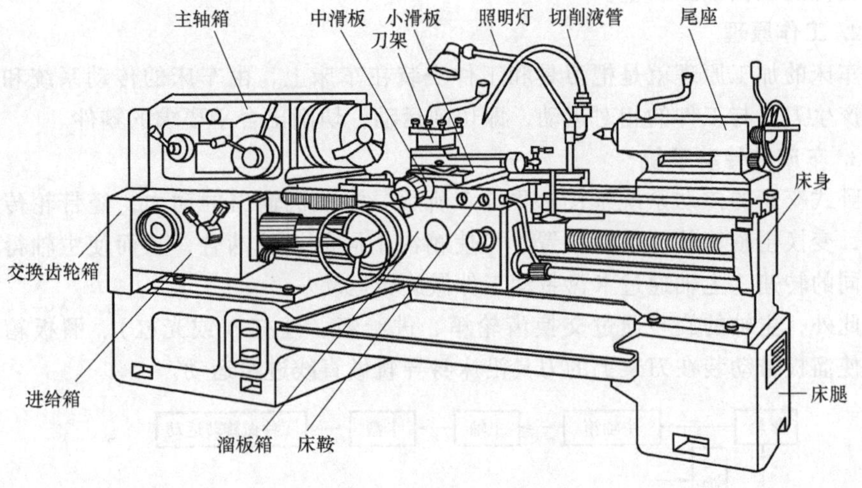

图 1-1　CS6140 型车床外形结构

（1）床身　床身是车床的基础部件，起到连接各主要部件的作用。床身上的导轨用来引导刀架和尾座移动，从而可以确保工件轴线的正确位置。

本车床的主电动机置于车床前床腿内，切削液泵置于车床后床腿。床身导轨是高强度铸铁淬火导轨，大大提高了导轨的耐磨性，能使车床较长时间地保持使用精度。

（2）主轴箱　主电动机输出动力经传动带传送至主轴箱，经多片式摩擦离合器和各级传动齿轮驱动主轴。主轴的正反转由摩擦离合器控制。通过变换外部手柄位置，可使主轴获得正转 24 种、反转 12 种的不同转速。

（3）尾座　带有导轨面的尾座与床身导轨相接触，尾座套筒前端带有锥度的内孔用来安装顶尖，以便支承较长的工件或安装钻头、铰刀进行钻削加工或铰削加工。

本车床尾座套筒锥孔底部装有工具制动块，其作用是防止装入锥孔中的工具转动。尾座体可依靠导轨做横向移动，移动位置通过螺钉调整，移动前应先放松压紧力和顶紧螺钉，调整后再紧固，调回位时将凸块对平。

（4）刀架　刀架用以夹持刀具做横向、纵向及斜向进给运动。刀架安装在床鞍上，由横滑板、转盘、小滑板和方刀架组成。

（5）溜板箱　溜板箱是进给运动的分向机构，可将光杠传来的运动转换为纵向或横向进给运动，或将丝杠传来的运动转换成螺纹进给运动，从而车削螺纹。

（6）进给箱　进给箱是进给运动的变速机构，可以通过调整外部手柄，利用内部变速机构改变光杠或丝杠转速进而改变进给速率。

（7）光杠和丝杠　光杠和丝杠将进给箱的运动传给溜板箱。机动进给时，使用光杠；车削螺纹时使用丝杠。手动进给时，光杠和丝杠都可以不使用。

（8）床腿　床腿用来支承床身，并与地面连接。

（9）切削液供给装置　切削液供给装置主要通过切削液泵将切削液加压后喷射到切削区域，降低切削温度，冲走切屑，润滑加工表面，以延长刀具使用寿命、提高工件的表面加工质量。

2. 工作原理

车床的加工原理就是把刀具和工件安装在车床上，由车床的传动系统和变速系统产生刀具与工件的相对运动，即切削运动，切削出合乎要求的零件。

3. 车床的传动系统

卧式车床的传动系统框图如图 1-2 所示。电动机输出的动力，经带轮传给主轴箱，变换主轴箱外的手柄位置，可使箱内不同的齿轮啮合，从而使主轴得到各种不同的转速。主轴通过卡盘带动工件做旋转运动。

此外，主轴的旋转通过交换齿轮箱、进给箱、丝杠（或光杠）、溜板箱的传动，使溜板带动装在刀架上的刀具沿床身导轨做直线进给运动。

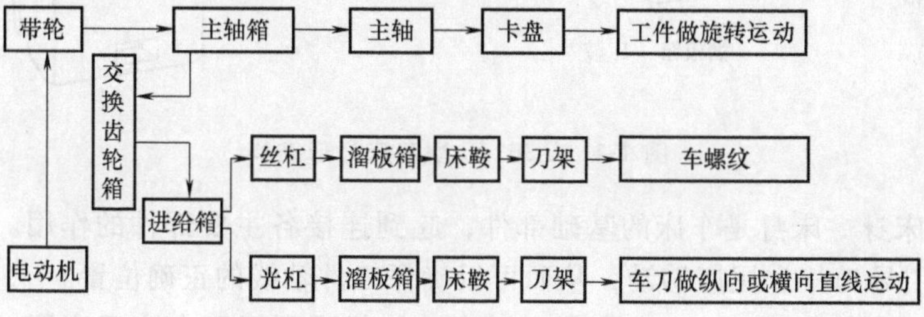

图 1-2　卧式车床的传动系统框图

二、普通车床的分类及应用

（1）分类　根据主轴的配置形式，车床可以分为卧式车床和立式车床。卧式车床是主轴轴线处于水平位置的车床，立式车床是主轴轴线处于垂直位置的车床。

（2）应用　CS6140 车床是我国自行设计的卧式车床，具有经济实用、结构成熟、性能稳定的特点，广泛应用于各种加工行业，可进行轴类、盘类的内外圆柱面、圆锥面、端面、槽、倒角、米制及寸制直螺纹、端面螺纹及锥螺纹、圆弧及孔加工。

三、普通车床的技术参数

机床型号是机床产品的代号，用以简明地表示机床的类别、主要技术参数和结构特性等。我国目前的机床型号按 GB/T 15375—2008《金属切削机床　型号编制方法》编制。它是由汉语拼音字母和阿拉伯数字按一定的规律排列组成。例如，CM6140 表示床身上最大工件回转直径为 400mm 的精密卧式车床，型号中字母及数字的含义如下：

C M 6 1 40

机床类代号(车床类) —— C
通用特性代号(精密) —— M
组代号(落地及卧式车床组) —— 6
系代号(卧式车床系) —— 1
主参数折算值(床身上最大工件回转直径的1/10) —— 40

普通车床的主要技术参数包括最大回转直径、最大切削长度、各坐标轴行程、主轴转速范围、切削进给速度范围等。CS6140 车床主要技术参数见表 1-1。

表 1-1　CS6140 车床主要技术参数

项目	参数	项目	参数
机床型号	CS6140	主轴中心至刀具支承面距离	28mm($1^3/_{32}$in)
床身上最大回转直径	ϕ400 mm	方刀架最大回转角度	±90°
刀架上最大回转直径	ϕ220 mm	上刀架最大行程	145mm
床鞍内最大回转直径	ϕ630 mm	下刀架最大行程	320mm
最大工件长度	750mm	许用最大切削力	14000N
最大车削长度	700mm	许用最大进给力	3500N
主轴通孔直径	ϕ52mm	尾座套筒直径	75mm
主轴孔锥度	莫氏锥度 No. 6	尾座套筒孔锥度	莫氏锥度 No. 5
主轴头型式	ISO 702/III No. 6 卡口型	尾座套筒最大行程	150mm
主轴转速范围	9~1600r/min	尾座横向移动量	±15mm
主轴最大输出转矩	1400N · m(1032 1bf · ft)	主电动机型号	Y132M
米制螺纹	0. 5~224mm　48 种	主电动机功率	7. 5kW
寸制螺纹	72~1/8tpi　46 种	主电动机转速	1450r/min
模数螺纹	0. 5~112mm　42 种	快速移动电动机型号	2AOS 5632
径节螺纹	56~1/4tpi　45 种	快速移动电动机功率	300W
纵向快速移动速度	4. 5m/min	快速移动电动机转速	1360r/min
横向快速移动速度	1. 9m/min	切削液泵流量	50L/min
纵向丝杠螺距	12mm(2tpi)	主传动 V 带型号	B2108
刀具截面	25mm×25mm	主传动 V 带根数	4 根

四、普通车床的维护与保养

(1) 润滑　为保证机床正常工作，减少零件磨损，机床零件的所有摩擦面均应按期正确进行润滑，因此，对下述各点务必注意：

1) 各润滑部位必须按规定定期加油，注入的润滑油必须清洁。

2）箱体中加的润滑油油面不得低于各油标的中心，以保证润滑充分，但也不得高于油标上限，否则将造成润滑油的渗漏。因此，必须经常检查油位是否正确。

3）主轴箱、溜板箱中的润滑油应 2~3 个月更换一次。由于新机床各部件的初磨损较大，所以第 1 次和第 2 次更换油的时间分别为 10 天和 20 天，以便及时清除污物。废油排出后，箱内应用煤油冲洗。

4）主轴箱内的滤油器和其他润滑部位的导油毛线和滤油毛线每月应清洗一次；床鞍下导轨两端和尾座底板左侧的防尘护板，每周用煤油清洗一次，当发现护板磨损时，应及时更换。

（2）操纵　操纵机床时应注意下述几点：

1）在主电动机起动后，应首先通过主轴箱油窗检查润滑油泵工作是否正常，油窗有油才可起动主轴。

2）主轴高速运转时，在任何情况下均不得扳动任何变速手柄。主轴只允许在停车时变速，进给运动只允许在低速运转或停车时变速。

3）主轴起动前必须检查并使各变速手柄处于正确位置，以保证传动齿轮的正确啮合。

4）当制动器失灵后，应及时调整，不得使用反向摩擦离合器制动。

5）使用主轴旋转正、反、停操纵手柄时，必须提按到位，不得利用不到位进行减速切削。

五、安全操作规范及注意事项

安全文明生产

（1）安全操作规范　操作机床时需严格遵守纪律，遵守规章制度。

1）操作人员操作前必须按“三紧要求”穿好工作服，扎紧袖口，戴好安全帽和护目镜；女工要辫子放入帽内；严禁戴手套。

2）起动车床前，操作人员必须认真检查机床各部件和安全防护装置是否完好、安全可靠，按规定加油润滑机床，并做低速空转运行 2~3min，检查机床运转是否正常。如机床长时间未开动，先采用手动方式向各部分供油润滑。

3）装卸卡盘和装夹工件、车刀时要停机进行。装卸卡盘及大的工件、夹具时，床面要垫木板；工件和车刀必须装夹牢靠，防止飞出伤人；工件装夹好后必须随时取下卡盘扳手。

4）用顶尖装夹工件时，要注意顶尖轴线与主轴中心孔的中心一致；不能使用破损和歪斜的顶尖；使用前将顶尖和中心孔擦拭干净；尾座顶尖要顶牢。

5）加工偏心工件时，必须加平衡铁，并要坚固牢靠，停车不要过猛。加工细长工件要用顶尖和跟刀架。车头前面伸出部分不得超过工件直径 20~25 倍，必要时装设防护栏杆。

6）禁止把工具、量具、夹具和工件放在机床床身和主轴箱上；机床开动后，严禁用手触摸运动着的工件、刀具和传动部分，严禁在车床运转中隔着车床传送物件。

7）改变主轴转速和进给量、装卸工件、安装刀具、加油以及打扫切屑，必须停车操作；擦拭及清除切屑应用刷子或钩子，禁止用手直接清理；应使用专门工具清扫。

8）操作时，手和身体应与卡盘和拨盘保持一定距离。不准在机床运动时离开工作岗位，因故要离开时，必须停机，并切断电源。

9）换档手柄的变换方法是左推右拉。如推（或拉）不动，不可用力猛撞，可用手转动一下卡盘，使齿与齿槽对准即可搭上。

10）机床运转时禁止测量工件；不准用手去制动转动的卡盘；用砂纸时，应放在锉刀上，严禁戴手套用砂纸操作，磨破的砂纸不准使用；不准使用无柄锉刀锉削工件；不准使用正反车电闸做制动，应经中间制动过程。

11）加工工件按机床技术要求选择切削用量，以免机床过载造成意外事故。

12）加工切削时，停机时应将刀退出；切削长轴类须使用中心架，防止工件弯曲变形伤人；伸入床头的棒料不应超出主轴箱之外，并慢车加工，伸出时应注意防护。

13）高速切削时，应有防护罩；当切屑飞溅严重时，应在机床周围安装挡板使之与操作区隔离。

14）机床运转时，操作者不得离开机床；发现机床运转不正常时，应立即停车，请维修工检查原因；当突然停电时，要立即关闭机床，并将刀具退出工作部位。

15）下班时应关闭电源，清扫机床，加油润滑机床导轨，将溜板箱移至靠近尾座处，整理工具和物件，搞好环境卫生。

（2）工作过程中的安全注意事项

1）不得用正反转离合来进行制动，应经中间制动过程。

2）加工工件按机床技术要求选择切削用量，以免机床过载造成意外事故。

3）高速切削时，应有防护罩；工件、工具的固定要牢固；当切屑飞溅严重时，应在机床周围安装挡板使之与操作区隔离。

4）工作时必须侧身站在操作位置，禁止身体正面对着转动的工件。

5）车床运转不正常、有异声或异常现象、轴承温度过高时，要立即停机，报告指导老师。

（3）工作完成后的注意事项

1）清除切屑、擦拭机床，使机床与环境保持清洁状态。

2）注意检查或更换磨损坏了的机床导轨上的油擦板。

3）检查润滑油、切削液的状态，及时添加或更换。

4）依次关掉机床的电源和总电源。

5）打扫现场卫生，填写设备使用记录。

【职业素养提升】

中国的“保尔·柯察金”吴运铎

吴运铎（1917—1991），男，祖籍湖北省武汉市，出生于江西省萍乡市安源煤矿。1938 年参加新四军，1939 年加入中国共产党。曾任中南兵工局副局长、机械科学研究院副总工程师、五机部科学研究院副院长等职。

吴运铎是新四军兵工事业的创建者和新中国兵器工业的开拓者，新中国第一代工人作家，被誉为中国的“保尔·柯察金”。吴运铎撰写的自传《把一切献给党》，鼓舞了一代代青年人。1991 年，吴运铎被命名为全国自强模范。2009 年，吴运铎被评为 100 位为新中国成立做出突出贡献的英雄模范之一。2019 年 9 月 25 日，吴运铎获“最美奋斗者”个人称号。

“把一切献给党”就要练就过硬本领

在从普通工人成长为兵工事业开拓者的道路上，吴运铎始终秉持求实态度，工作过程中严格遵守工序操作流程，绝不偷懒，不断锤炼过硬本领。

在矿上做学徒时，吴运铎不满足于仅掌握技巧，而是执着钻研机器运转的原理。他将车间中的一间阁楼改成一方学习天地，白天努力工作，挣钱买工业类图书和基础物理学书籍，学习掌握交流电机和直流电机相关知识，晚上开技术讲座，把知识讲给工人兄弟们。

抗战时期，吴运铎带领工人们克服种种困难，为前方部队制造急需的枪炮弹药。1939 年，吴运铎和战友们因陋就简，就地取材，在山沟里建立了新四军第一座兵工厂，制造出了新四军的第一支步枪、第一颗子弹、第一枚迫击炮弹、第一颗地雷。每当日伪军进攻根据地时，他就带领大家抬着机器打游击。只要有时间就坚持生产，每次都按时完成上级布置的任务。

年过半百，吴运铎仍然争分夺秒地读书学习，《毛泽东选集》读了四遍，《鲁迅全集》读了两遍。他还主动帮助生产队搞科学试验，从煤矸石里提炼农业生产急需的氮肥。1987 年，吴运铎在给 202 所建所 30 周年的题词中写道：“努力攀登科学技术高峰，为常规兵器现代化做出更大的贡献！”

“一个人有了共产主义的理想，并无限地忠诚于这个理想，他就能经受任何风雨和困难的考验。”“假若我有来生来世，我还要选择中国共产党，永远跟党走，把一切献给党！”……吴运铎的铿锵誓言，穿越时空回响在我们耳畔。

【考核评价】

<table>
<tr><td colspan="3">任务名称</td><td></td><td colspan="2">完成日期</td><td colspan="2"></td></tr>
<tr><td colspan="3">姓 名</td><td></td><td colspan="2">组 号</td><td colspan="2"></td></tr>
<tr><td rowspan="8">过程考核</td><td colspan="2">考核项目</td><td>考核内容及配分</td><td>自我评价（10%）</td><td>班组评价（30%）</td><td>教师评价（60%）</td><td>得分</td></tr>
<tr><td rowspan="4">职业素养</td><td>纪律</td><td>认真学习，不迟到早退，服从安排（10分）</td><td></td><td></td><td></td><td></td></tr>
<tr><td>安全文明生产</td><td>安全着装，按要求操作机床（10分）</td><td></td><td></td><td></td><td></td></tr>
<tr><td>职业规范</td><td>爱护设备、量具，实训中工具、量具、刀具摆放整齐，按规定给机床加油、清洁（10分）</td><td></td><td></td><td></td><td></td></tr>
<tr><td>现场要求</td><td>不玩手机，不大声喧哗，不打闹，课后清扫地面、设备，清理现场（10分）</td><td></td><td></td><td></td><td></td></tr>
<tr><td>知识、技能</td><td>任务掌握</td><td>对任务的知识、技能掌握程度（60分）</td><td></td><td></td><td></td><td></td></tr>
<tr><td colspan="2">人伤械损事故</td><td>若出现人伤械损事故，整个任务成绩记0分</td><td></td><td></td><td></td><td></td></tr>
<tr><td colspan="3">总 分</td><td></td><td></td><td></td><td></td></tr>
<tr><td colspan="3">备注
（现场未尽事项记录）</td><td colspan="5"></td></tr>
<tr><td colspan="3">教师签字</td><td colspan="2"></td><td>学生签字</td><td colspan="2"></td></tr>
</table>

【思考练习】

一、选择题

1. 主轴箱、溜板箱中的润滑油，应（　　）个月更换一次。

A. 2~3　　B. 3~4　　C. 4~5　　D. 5~6

2. 车床需要变换主轴转速时，（　　）变换。

A. 必须停机　　B. 根据实际情况　　C. 可不停机　　D. 可在低速

3. 车床床身导轨采用（　　）润滑。

A. 油泵输油　　B. 溅油　　C. 油绳　　D. 浇油

4. 中间齿轮不能改变（　　）。

A. 齿轮旋转方向　　B. 传动比　　C. 啮合方式　　D. 传动速度

5. 车床交换齿轮箱中间齿轮采用（　　）润滑。

A. 油泵输油　　B. 溅油　　C. 油绳　　D. 黄油杯

6. 每周保养要求床身导轨面和（　　）及转动部位的清洁，润滑。

A. 电动机　　B. 丝杠，光杠、操纵手柄和操纵杆

C. 齿轮和衬套　　D. 中、小滑板导轨面

7. 每周保养要求（　　）和中、小滑板导轨面及转动部位的清洁，润滑。

A. 电动机　　B. 丝杠，光杠、操纵手柄和操纵杆

C. 齿轮和衬套　　D. 床身导轨面

8. 离合器用来使同轴线的两轴或轴与轴上空套传动件能随时接合或脱开，以实现机床运动的（　　）、变速和变向。

A. 发动　　B. 起动　　C. 开动　　D. 动作

9. 溜板箱中互锁机构的作用是（　　）。

A. 接通机动进给时保证开合螺母不能合上

B. 接通纵向进给时不能再接通横向进给

C. 防止机动进给时合上快速移动

D. 防止机动进给时合上慢速移动

10. 尾座导轨和中托板丝杠的润滑方式是（　　）。

A. 油泵输油　　B. 溅油　　C. 弹子油杯　　D. 浇油

11. 当车床（　　）时，离合器摩擦片打滑，从而起到保护车床的作用。

A. 空载　　B. 过载　　C. 超速　　D. 快进

12. 车床每周保养要求油眼畅通、油标清晰，清洗（　　），保持车床外表清洁和工作场地清洁。

A. 滤油器　　B. 齿轮和衬套

C. 油绳和护床油毛毡　　D. 切削液泵

13. 车床的变速由（　　）来控制。

A. 进给箱　　B. 主轴箱　　C. 溜板箱　　D. 交换齿轮箱

14. 车床尾座的作用是（　　）。

A. 调整主轴转速　　　　　　　　B. 安装顶尖或钻孔
C. 传动　　　　　　　　　　　　D. 制动

15. 制动器过松，不能起到预期的制动作用，需调节（　　）至合适位置。
A. 齿条轴　　B. 操纵手柄　　C. 摩擦离合器　　D. 制动带

16. 中滑板丝杠与螺母间隙是通过（　）调节的。
A. 弹簧　　B. 垫片厚度　　C. 镶条　　D. 楔块

17. 车床的主运动是（　　）。
A. 工件的旋转　　　　　　　　B. 刀具的横向进给
C. 刀具的纵向进给　　　　　　D. 工件的轴向进给

18. 职业道德体现了（　　）。
A. 从业者对所从事职业的态度　　B. 从业者的工资收入
C. 从业者享有的权利　　　　　　D. 从业者的工资收入

19. 职业道德是（　　）。
A. 社会主义道德体系的重要组成部分
B. 保障从业利益的前提
C. 劳动合同订立的基础
D. 劳动者的日常行为规则

二、判断题

1. 中间齿轮的作用是使丝杠与工件的旋转方向相同。（　　）

2. 双向多片式摩擦离合器，外摩擦片相间安装，压紧时，可以互相联系。（　　）

3. CA6140 型车床主轴箱内的双向多片式摩擦离合器的作用是控制主轴的起动、停止，变速和换向。（　　）

4. CA6140 型车床摩擦离合器的接合与脱开是由手柄操纵的。（　　）

5. 制动器在调整合适的情况下，开机时制动带能完全松开，而停机时，主轴能迅速停止。（　　）

6. 制动器和片式摩擦离合器的控制是联动的，片式摩擦离合器松开时，制动带拉紧使主轴迅速停止转动。（　　）

7. 为使开合螺母开合自如，应当使其在燕尾槽中能滑动轻便。（　　）

8. 车床每周保养要求油眼畅通，油标清晰，清洗滤油器，保持车床外表清洁和工作场地清洁。（　　）

9. 主轴箱内双向多片式摩擦离合器的作用是接通或断开主轴与丝杠之间的传动链。（　　）

10. 制动器的作用是能及时停止进给运动。（　　）

11. 从一个普通工人通过不断努力，始终秉持求实态度，不断锤炼自己过硬本领，成长为“最美奋斗者”，新中国兵器工业开拓者，并编写了《把一切献给党》的人是吴运铎。（　　）

12. 吴运铎被评为 100 位为新中国成立做出突出贡献的英雄模范之一。（　　）

单元二

普通车床基本操作

【学习导航】

<table>
<tr><td>学习目标</td><td colspan="2">通过本单元学习，进一步了解普通车床的功能，熟悉普通车床的基本操作；熟练掌握工件安装找正、刀具刃磨装夹、对刀等操作；能够准确使用常用量具进行基本测量</td></tr>
<tr><td>重点难点</td><td colspan="2">重点：车床基本操作，工件装夹找正，量具的使用
难点：刀具的基本知识及刃磨</td></tr>
<tr><td rowspan="3">教学目标</td><td>素养目标</td><td>1. 培养学生分析问题解决问题的能力
2. 培养学生勤实践多动手爱动脑的好习惯
3. 培养学生的团队协作能力，能团结互助完成教学任务</td></tr>
<tr><td>知识目标</td><td>1. 会正确地操作车床
2. 掌握工件装夹及找正的方法
3. 对刀具有一定的认识，掌握刀具的基本刃磨方法
4. 会使用常用量具</td></tr>
<tr><td>能力目标</td><td>熟练操作车床、装夹工件及刀具，能熟练掌握工件的基本测量方法</td></tr>
</table>

【任务描述】

了解普通车床的功能，熟悉普通车床的基本操作，熟练掌握工件安装和刀具装夹及对刀操作，能够准确使用常用量具进行测量。

【任务分组】

学生任务分配表

班级		组别		组长	
姓名		学号		指导教师	
组员		任务分工			
学号	姓名				
未尽事项说明					

【任务引导】

任务名称：普通车床基本操作						设备编号	
班级		姓名		组别		日期	

一、明确任务目的

1. 掌握普通车床正确的开关机方法。
2. 熟悉工件在车床上的安装及找正方法。
3. 了解车刀的分类和常用车刀的选用及使用方法。
4. 了解砂轮特性并能合理选用砂轮。
5. 掌握正确刃磨刀具和正确装夹刀具的方法。
6. 掌握车床的对刀方法及步骤。
7. 熟悉常用量具的选择和使用方法。
8. 遵守7S现场管理的相关规定。

二、引导问题

1. 普通车床正确的开关机方法是什么？

2. 车床上工件常用的装夹方式有哪几种？

3. 工件安装时的注意事项有哪些？

4. 车刀按结构和加工内容分各有哪些种类?

5. 砂轮的特性由哪些因素决定?磨高速钢车刀和磨硬质合金刀头分别用什么砂轮?

6. 正确刃磨刀具的方法是什么?刃磨硬质合金车刀和用其车削时要注意什么?

7. 为什么要进行对刀操作?对刀有哪些操作步骤?

8. 常用量具有哪些?简述游标卡尺的使用和读数方法。

9. “兵工泰斗、统战功臣”刘鼎对我国的军工事业做了哪些贡献?

【相关知识】

一、车床基本操作

（1）开机　按照机床总电源、系统电源、操纵杆的顺序开机。

（2）关机　按照操纵杆、急停键、机床总电源的顺序关机。

二、工件装夹找正

在工件安装时，首先根据其尺寸选择卡盘，再根据其材料及切削余量的大小调整好卡盘卡爪夹持直径、行程和夹紧力。如有需要，可在工件尾端打中心孔，用顶尖顶紧。使用尾座时应注意其位置、套筒行程和夹紧力的调整。

工件的找正与装夹

（1）工件的装夹方式　工件的装夹方式见表2-1。

表2-1　工件的装夹方式

操作图	相关知识及操作要点
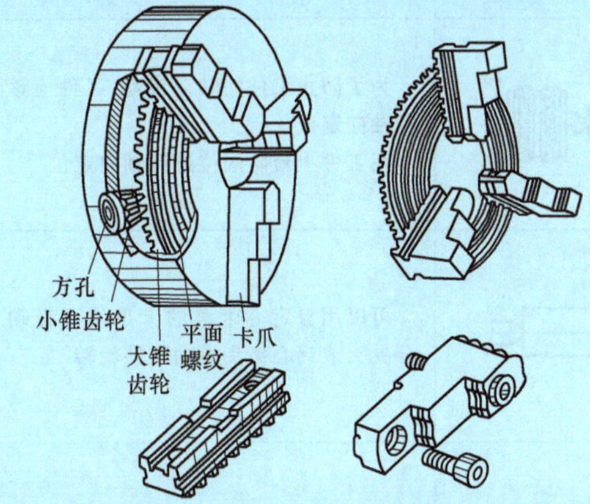	工件的装夹就是工件在车床上或夹具中定位和夹紧的过程。（三爪）自定心卡盘的组成如图所示。用卡盘扳手插入小锥齿轮的方孔转动时，小锥齿轮带动大锥齿轮转动，大锥齿轮的背面是平面螺纹，卡爪背面的螺纹与平面螺纹啮合。当平面螺纹转动时，就带动3个卡爪同时做向心或离心运动
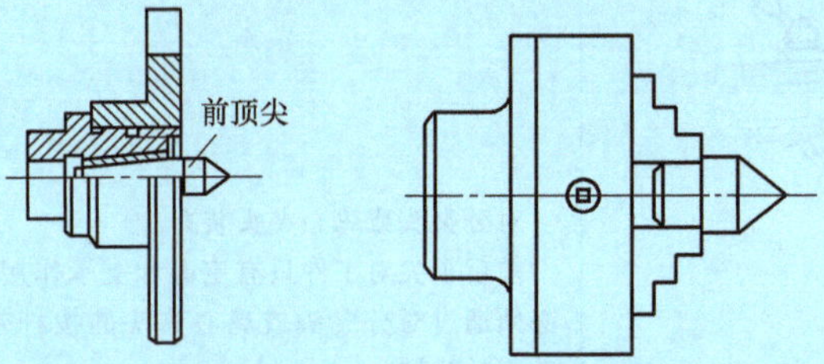	顶尖的作用是实现工件中心的定位，承受工件的重量和切削力。前顶尖插在主轴锥孔内随主轴一起转动，并与工件中心孔无相对运动，不发生摩擦
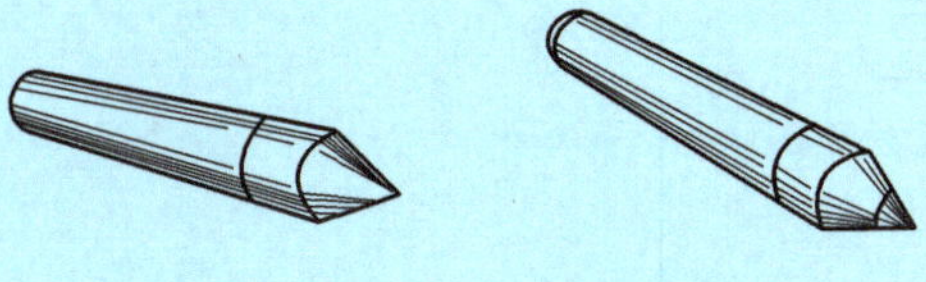	后顶尖插在车床尾座套筒内使用。后顶尖分为固定顶尖和回转顶尖。固定顶尖与工件中心孔产生滑动摩擦而发生高热，目前一般采用镶硬质合金的顶尖 安装前后顶尖前，必须把顶尖锥柄和锥孔擦拭干净，拆除后顶尖时，可摇动车床尾座手轮，使车床尾座缩回，利用丝杠的前端将后顶尖顶出

（续）

操作图	相关知识及操作要点
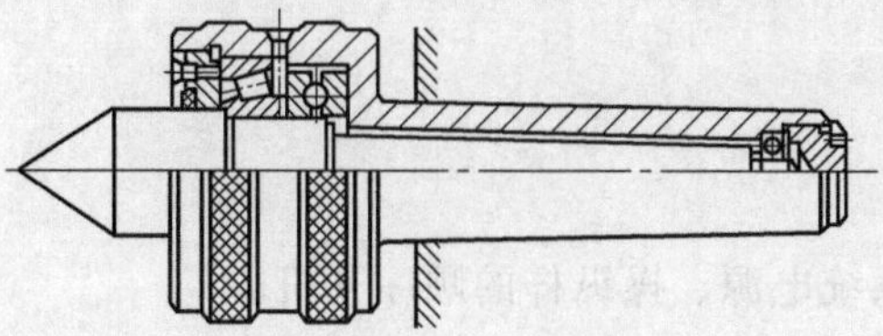	回转顶尖与工件中心孔的摩擦是滚动摩擦，能够承受很高的旋转速度，在加工中广泛使用
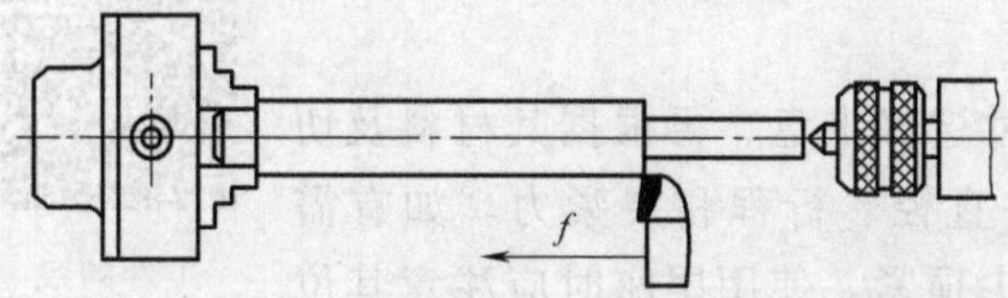	前后顶尖定位的优点是定心正确可靠，安装方便，主要用于精度要求较高重量较轻的工件加工。对于重量较大、加工余量也较大的工件装夹，一般采取前端用卡盘夹紧，后端用顶尖顶紧的装夹方法。对于加工精度要求较高的工件，一般采取一夹一顶
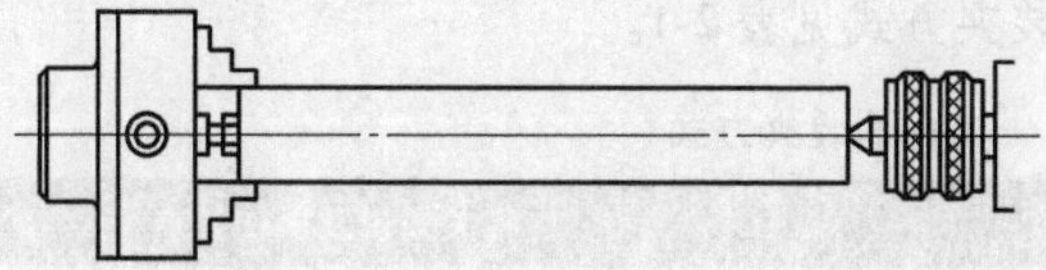	为了防止工件的轴向窜动，工件应该进行轴向定位 用限位支承进行轴向定位
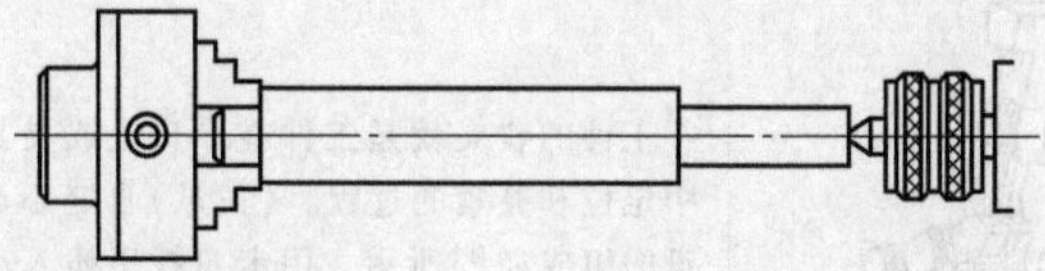	为了防止工件的轴向窜动，工件应该进行轴向定位 用工件上台阶限位进行轴向定位
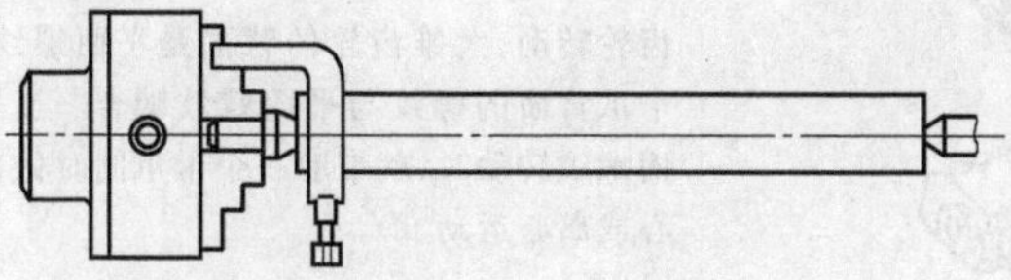	可以用自定心卡盘的卡爪端面带动对分夹头或鸡心夹头拨动工件旋转
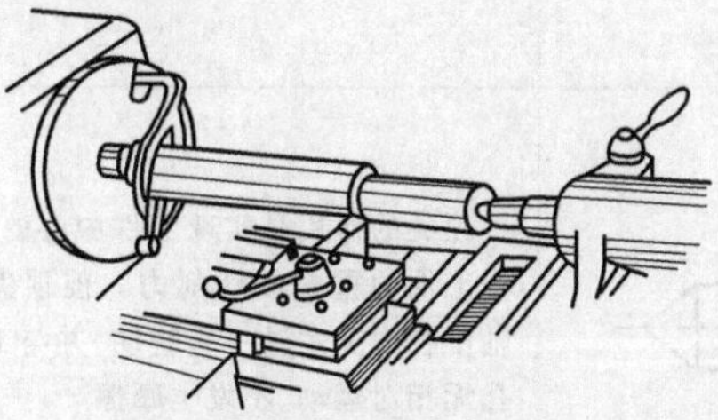 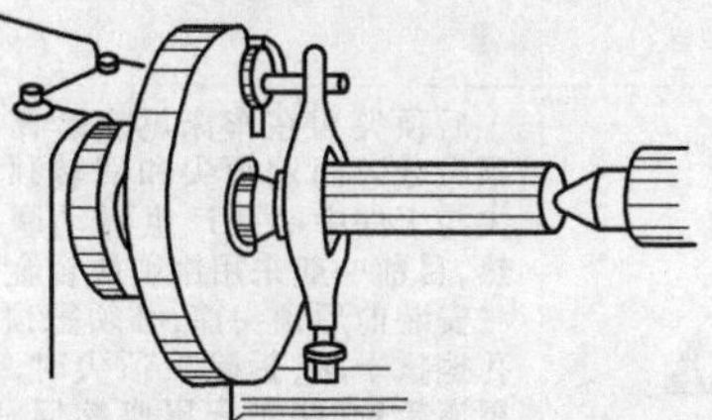	对分夹头或鸡心夹头装夹 前后顶尖对工件只有定心和支承作用，必须通过对分夹头或鸡心夹头的拨杆带动工件旋转

（续）

操作图	相关知识及操作要点
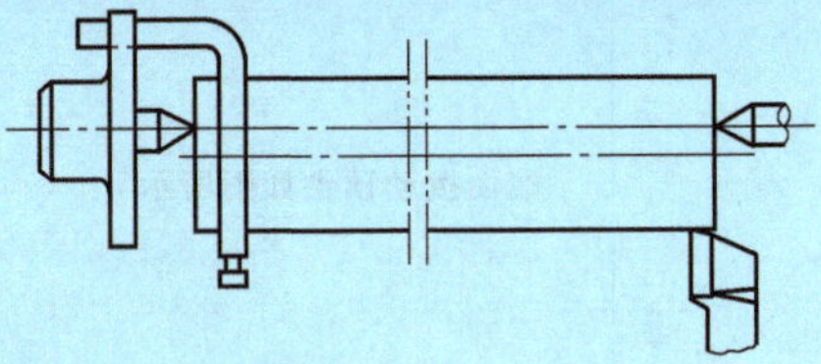	利用前后顶尖定位还可加工偏心工件
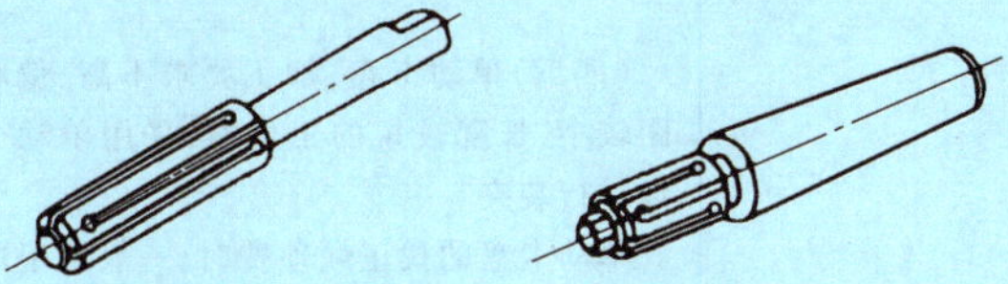	心轴：工件用已加工过的孔作为定位基准时，可采用心轴装夹。此装夹方法可以保证工件内外表面的同轴度精度，适用于批量生产。心轴的种类很多，常见的心轴有圆柱心轴、小锥度心轴
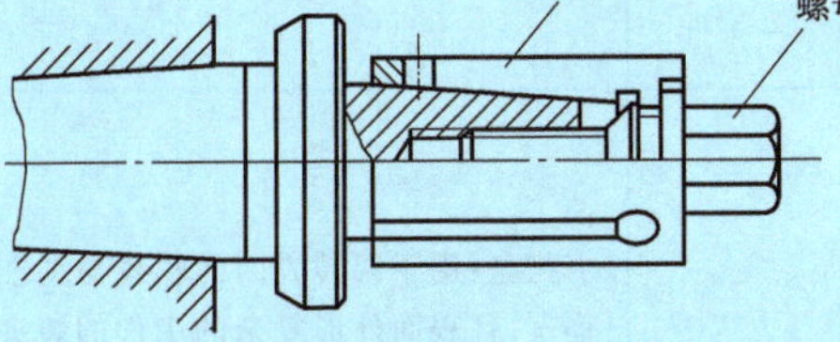	弹簧心轴（又称膨胀心轴）：既能定心，又能夹紧，是一种定心夹紧装置
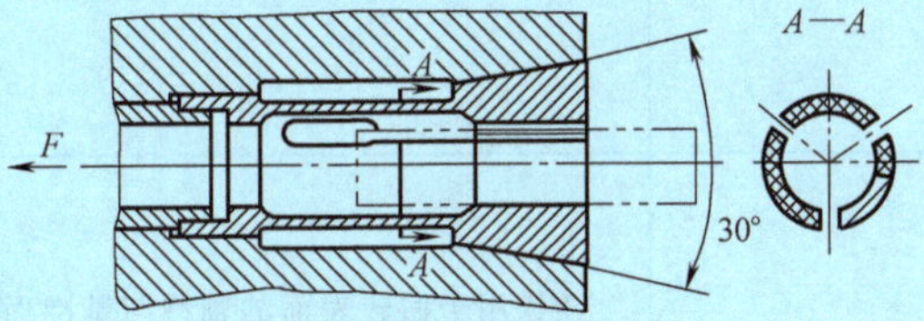	弹簧夹套：弹簧夹套定心精度高，装加工件快捷方便，用于精加工的外圆表面定位。拉式弹簧夹套如图所示
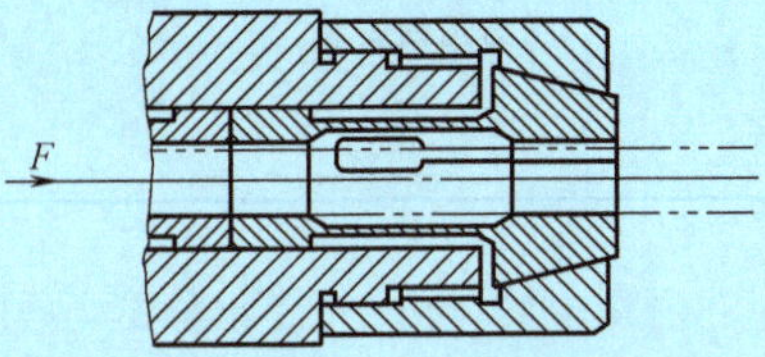	推式弹簧夹套如图所示
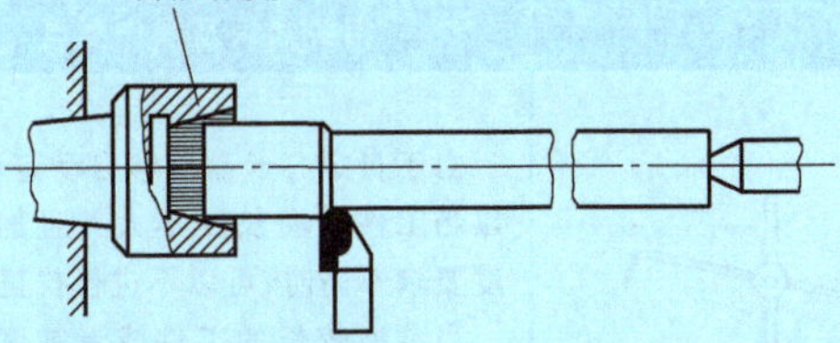	内拨动顶尖：内、拨动顶尖的锥面带齿，能嵌入工件，拨动工件旋转。内拨动顶尖如图所示
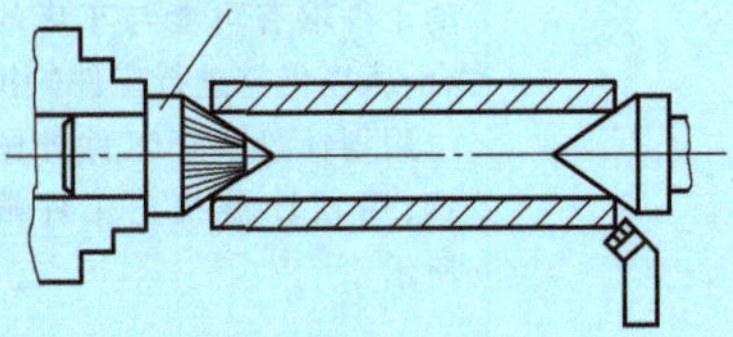	外拨动顶尖如图所示

（续）

操作图	相关知识及操作要点
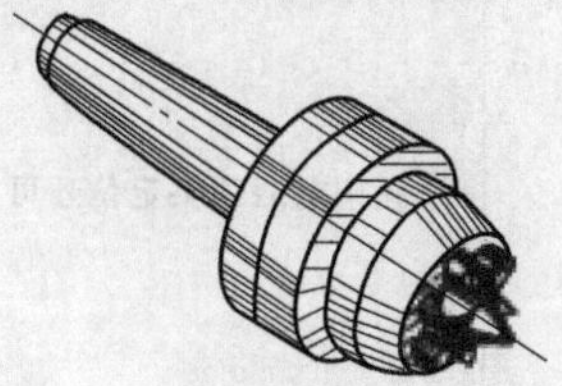	端面拨动顶尖如图所示
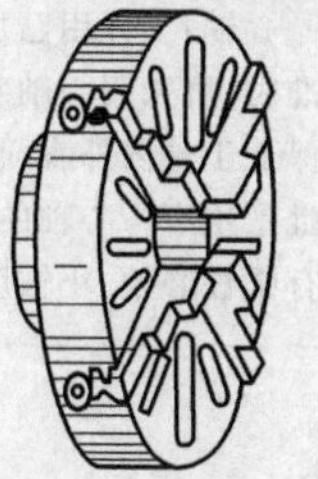	（四爪）单动卡盘：加工要求不高、偏心距较小、长度较短的工件时，采用单动卡盘进行装夹 单动卡盘的找正烦琐费时，一般用于单件小批生产。单动卡盘的卡爪有正爪和反爪两种形式
	花盘：用于回转表面的轴线与基准面相垂直，且表面外形复杂的工件的装夹。例如花盘装夹双孔连杆
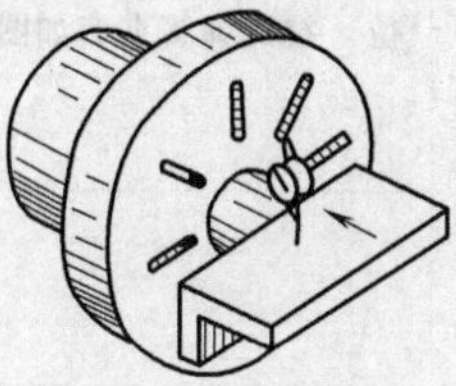	角铁用于回转表面的轴线与基准面相平行，且表面外形复杂的工件的装夹。图示为角铁安装

（2）工件的找正方法（见表 2-2）

表 2-2　工件的找正方法

操作图	相关知识及操作要点
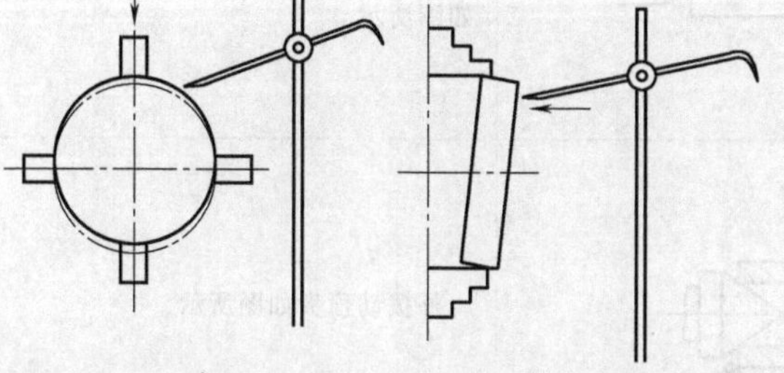 a)　　b)	由于自定心卡盘能够自动定心，所以当工件轴向长度不大并且加工精度要求不高时，可以不进行找正 当装夹较长的工件或者精度要求较高的工件时，因为远离自定心卡盘的工件端有可能与车床的轴线不重合，所以仍需进行工件的找正 用划针盘找正工件外圆如图 a 所示，用划针盘找正工件端面如图 b 所示

（续）

操作图	相关知识及操作要点
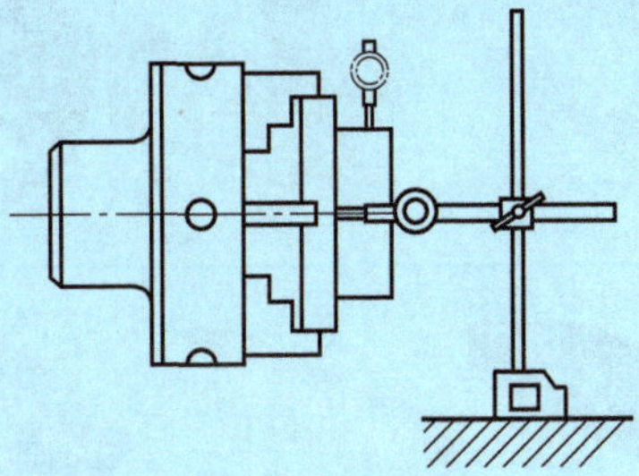	用百分表找正工件外圆和端面
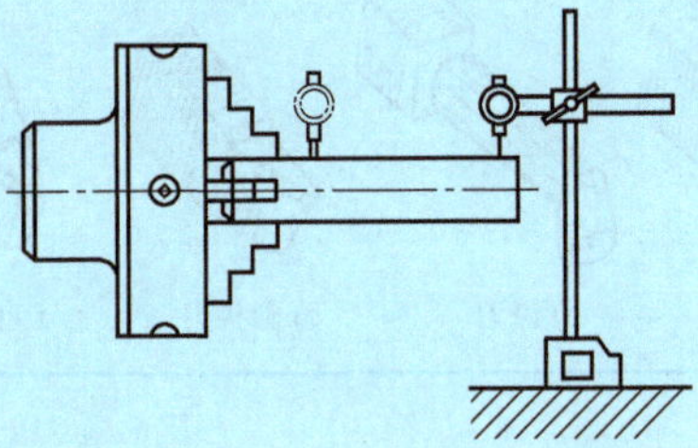	用百分表找正工件外圆

（3）注意事项　工件安装时应注意：

1）装夹完工件后卡盘扳手随手取下，以防主轴转动后甩出伤人。

2）观察工件找正时，需要耐心，勤加练习逐步掌握。

3）工件夹紧时，操作者的站位姿势要正确，以防卡盘扳手滑脱后摔倒受伤。

4）工件夹紧时，夹紧力要合适，以防夹紧力不够使工件在车削过程中受力产生位移。

三、刀具装夹与刃磨

（1）常用车刀及其使用方法

1）常用的车刀按结构有整体车刀、焊接车刀、可转位车刀，如图 2-1、图 2-2、图 2-3 所示。按加工内容有外径车刀、内孔车刀和切槽刀等。常用车刀见表 2-3。

车刀的刃磨

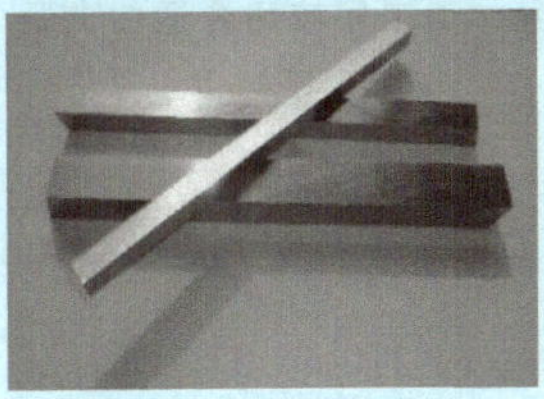

图 2-1　整体车刀

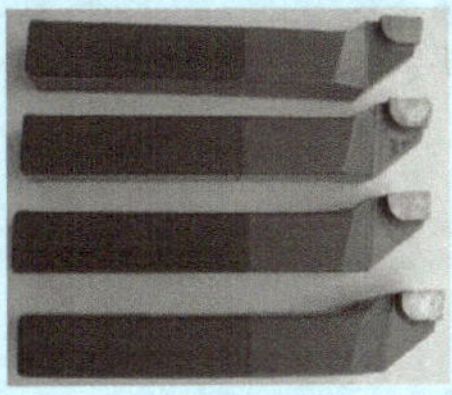

图 2-2　焊接车刀

图 2-3　可转位车刀

表 2-3 常用车刀

车外径用可转位车刀	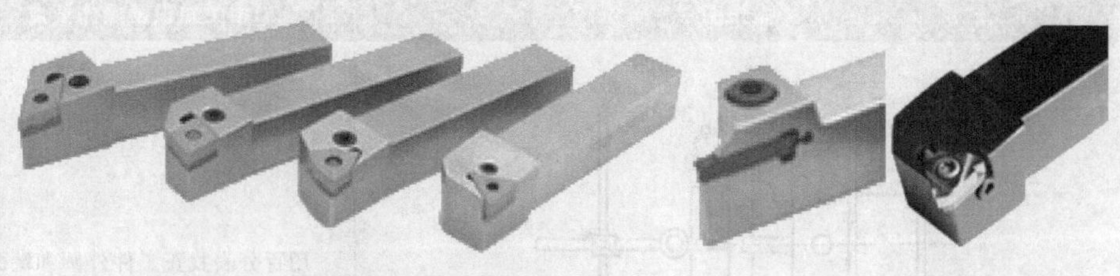
车内孔用可转位车刀	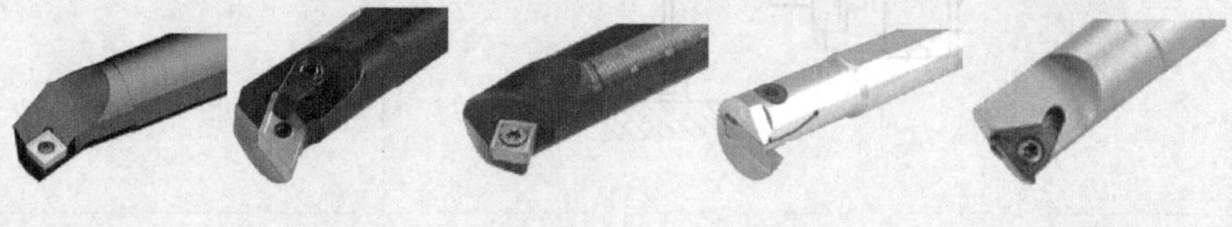
焊接车刀	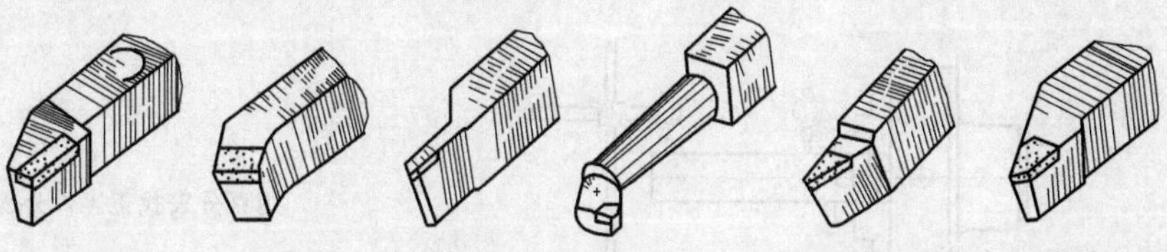 a) 偏刀 b) 弯头刀 c) 切断刀 d) 镗刀 e) 圆头刀 f) 螺纹车刀

2）常用车刀的使用方法见表 2-4。

表 2-4 常用车刀的使用方法

操作图	相关知识及操作要点
	车刀形状与加工性能的相应关系
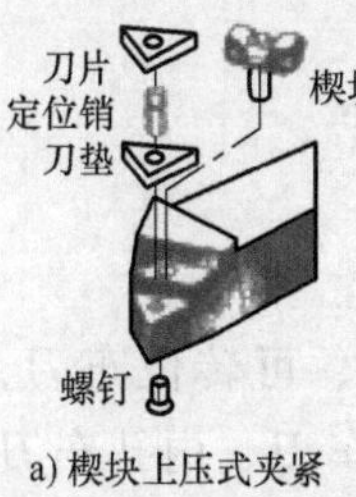 a) 楔块上压式夹紧 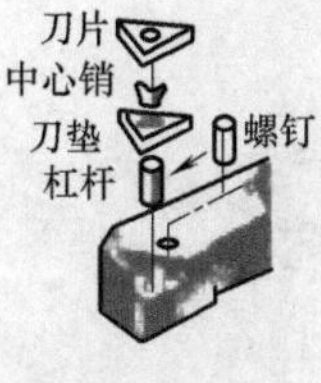 b) 杠杆式夹紧 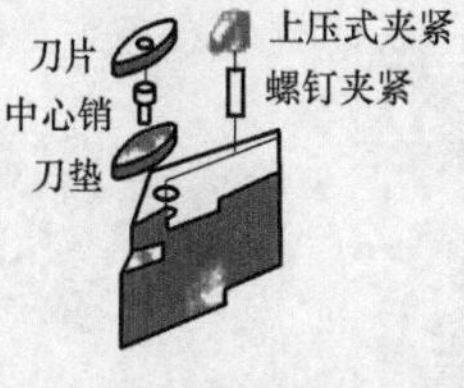 c) 螺钉上压式夹紧	可转位刀片的刀具由刀片、定位元件、夹紧元件和刀体所组成。常见可转位刀片的夹紧方式有楔块上压式、杠销式、压板式等。左图列举了各种夹紧方式，是一般加工工序较为合适的夹紧方式

（续）

操作图	相关知识及操作要点
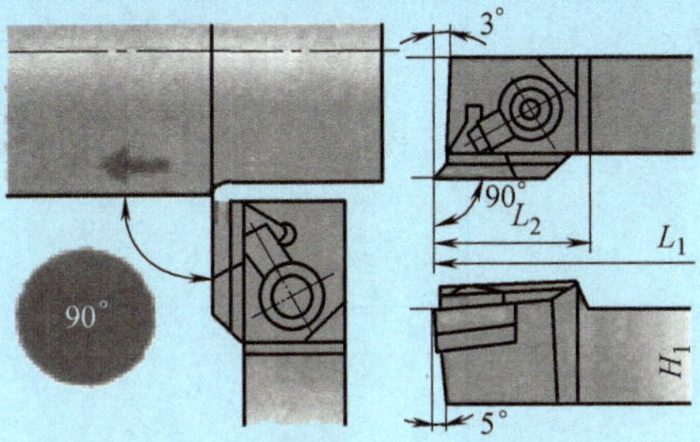	90°外圆车刀
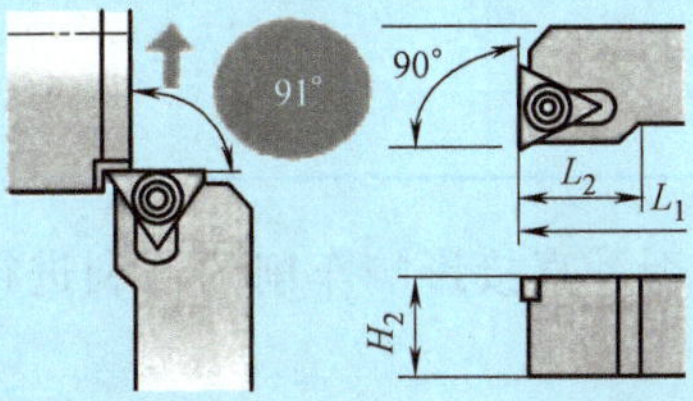	端面车刀
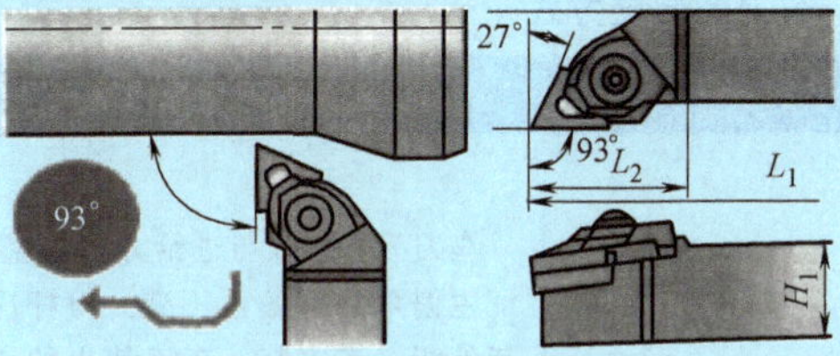	93°外圆车刀
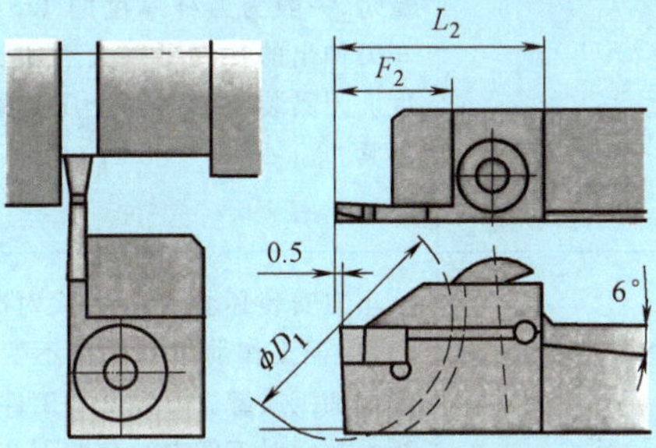	切槽、切断车刀
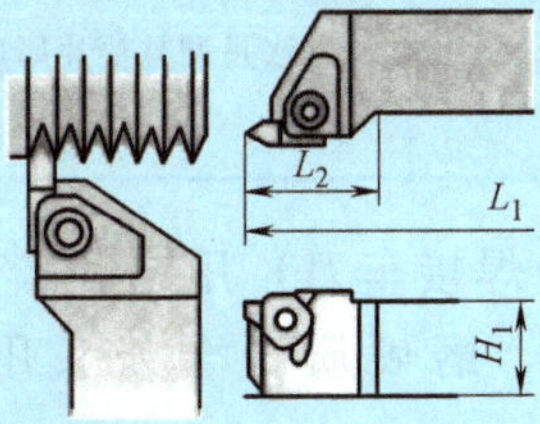	外螺纹车刀
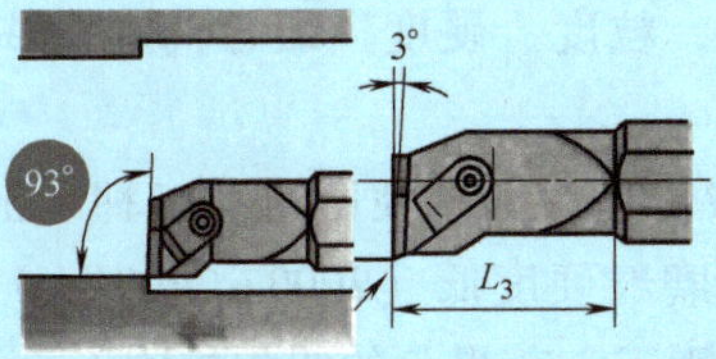	93°内孔车刀

（续）

操作图	相关知识及操作要点
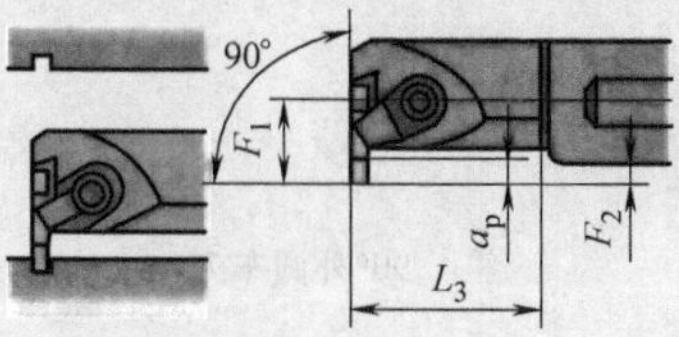	内孔挖槽车刀
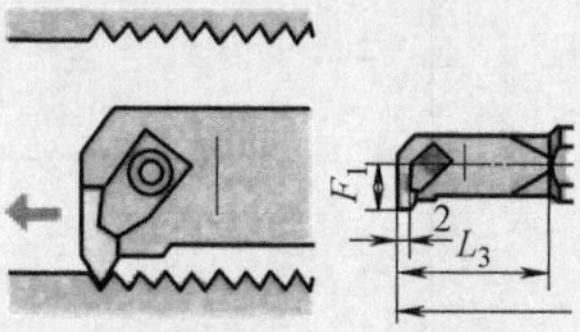	内螺纹加工车刀

(2) 车刀的装夹　车刀安装得正确与否，直接影响车削的顺利进行和加工质量。车刀的装夹方式见表 2-5。

表 2-5　车刀的装夹方式

操作图	相关知识及操作要点
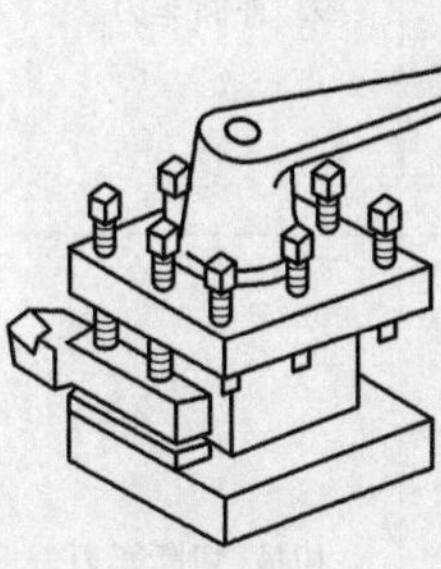	车刀刀杆应该与进给方向垂直，以保证主偏角和副偏角不变。刀杆应靠刀架外侧对齐安装。车刀伸出的长度尽量短，一般为刀杆厚度的 1.5 倍；内孔车刀伸出的长度要略大于加工孔的深度。刀具装夹要用两个压紧螺钉交替压紧
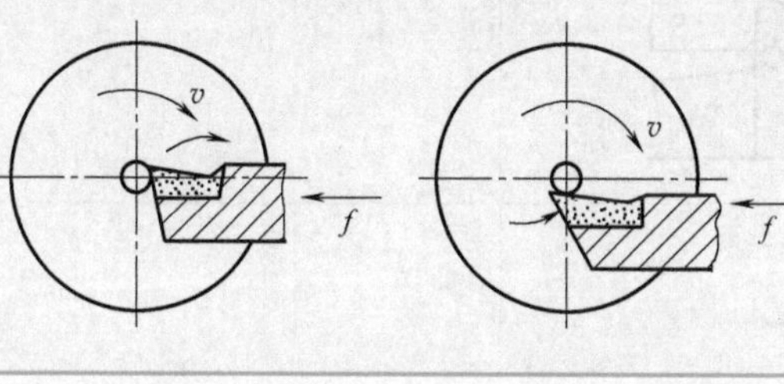	车刀安装必须做到：刀尖对准工件中心，保证工作前角和后角不变，否则会影响加工质量。刀尖低于工件中心时，车削端面时工件中心会留下凸头，容易损坏刀尖 方法是调整垫片厚度，试切端面对准中心

(3) 车刀的刃磨　车刀（指整体车刀与焊接车刀）用钝后需要用砂轮机刃磨。磨高速钢车刀用氧化铝砂轮（白色），磨硬质合金刀头用碳化硅砂轮（绿色）。

1）砂轮的选择。砂轮的特性由磨料、粒度、硬度、结合剂和组织五个因素决定。

① 磨料，常用的磨料有氧化物系、碳化物系和高硬磨料系三种。工厂常用的是氧化铝砂轮和碳化硅砂轮。氧化铝砂轮磨粒硬度低（2000~2400HV）、韧性大，适用刃磨高速钢车刀，其中白色的叫作白刚玉，灰褐色的叫作棕刚玉。

碳化硅砂轮的磨粒硬度比氧化铝砂轮的磨粒高（2800HV 以上），性脆而锋利，并且具有良好的导热性和导电性，适用刃磨硬质合金。常用的是黑色和绿色的碳化硅砂轮，绿色的碳化硅砂轮更适合刃磨硬质合金车刀。

② 粒度：粒度表示磨粒大小的程度。砂轮的粒度用粒度标记表示。砂轮粒度标记由 F 加数字组成，数字越大则表示磨粒越细。粗磨车刀应选磨粒号数小的砂轮，精磨车刀应选号数大（即磨粒细）的砂轮。工厂常用的粒度为 F46～F80 的中软或中硬的砂轮。

③ 硬度：砂轮的硬度是反映磨粒在磨削力作用下，从砂轮表面上脱落的难易程度。砂轮硬，即表面磨粒难以脱落；砂轮软，表示磨粒容易脱落。砂轮的软硬和磨粒的软硬是两个不同的概念，必须区分清楚。刃磨高速钢车刀和硬质合金车刀时应选软或中软的砂轮。

另外，在选择砂轮时还应考虑砂轮的结合剂和组织。工厂一般选用陶瓷结合剂（代号 A）和中等组织的砂轮。

综上所述，我们应根据刀具材料正确选用砂轮。刃磨高速钢车刀时，应选用粒度为 F46～F60 号的软或中软的氧化铝砂轮。刃磨硬质合金车刀时，应选用粒度为 F60～F80 号的软或中软的碳化硅砂轮，两者不能搞错。

2）车刀刃磨的步骤。外圆车刀的刃磨步骤如图 2-4 所示。

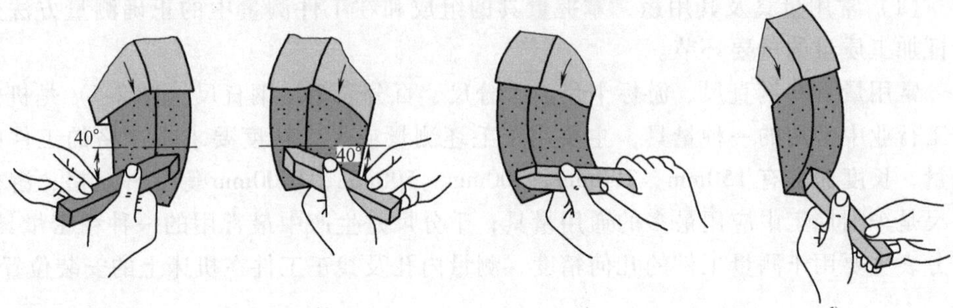

a)　b)　c)　d)

图 2-4　外圆车刀的刃磨步骤

① 磨主后面，同时磨出主偏角及主后角，如图 2-4a 所示；

② 磨副后面，同时磨出副偏角及副后角，如图 2-4b 所示；

③ 磨前面，同时磨出前角，如图 2-4c 所示；

④ 修磨各刀面及刀尖，如图 2-4d 所示。

3）刃磨车刀的姿势及方法。

① 人站立在砂轮机的侧面，以防砂轮碎裂时，碎片飞出伤人。

② 两手握紧刀杆，并保持一定距离，两肘夹紧腰部，以减小磨刀时的抖动。

③ 磨刀时，车刀要放在砂轮的水平中心处，刀尖略向上翘约 3°～8°，车刀接触砂轮后应做左右方向水平移动。当车刀离开砂轮时，车刀需向上抬起，以防磨好的切削刃被砂轮碰伤。

④ 磨主后面时，刀杆尾部向左偏过一个主偏角的角度；磨副后面时，刀杆尾部向右偏过一个副偏角的角度。

⑤ 修磨刀尖圆弧时，通常以左手握车刀前端为支点，用右手转动车刀的尾部。

4）磨刀安全知识。

① 刃磨刀具前，应首先检查砂轮有无裂纹，砂轮轴螺母是否拧紧，并经试转后使用，以免砂轮碎裂或飞出伤人。

② 刃磨刀具不能用力过大，否则会使手打滑而触及砂轮面，造成工伤事故。

③ 磨刀时应戴防护眼镜，以免砂粒和切屑飞入眼中。

④ 磨刀时不要正对砂轮的旋转方向站立，以防意外。

⑤ 磨小刀头时，必须把小刀头装在刀杆上。

⑥ 砂轮支架与砂轮的间隙不得大于3mm，如发现过大，应调整适当。

5）硬质合金车刀在刃磨时不要加水。硬质合金车刀在刃磨和车削时不能碰水，硬质合金在800℃以上，突然遇冷水会崩裂。另外，加水还会影响它的性能：刃磨硬质合金车刀时，在硬质合金的局部会有很高温度聚集，因为硬质合金基体不能像高速钢那样散热快，如果一遇冷水相当于淬火，影响它的热硬性，且容易产生局部裂纹。但高速钢却正相反，要勤用水来降温。

四、常用量具使用方法

（1）常用量具及其用途　掌握量具的组成和在工件测量中的正确测量方法是保证加工质量的重要环节。

常用量具有钢直尺、游标卡尺、千分尺、百分表等。钢直尺（图2-5）是机械加工行业中常用的一种量具，主要用于毛坯测量或尺寸精度要求不严格的工件的测量，长度通常有150mm、200mm、300mm、500mm、1000mm等几种规格；游标卡尺是车削加工中应用最多的通用量具；千分尺是生产中最常用的一种精密量具；百分表主要用于测量工件的几何精度、测量内孔及找正工件在机床上的安装位置。

图2-5　钢直尺（300mm）

（2）常用量具的使用方法（见表2-6）

表2-6　常用量具的使用方法

操作图	相关知识及操作要点
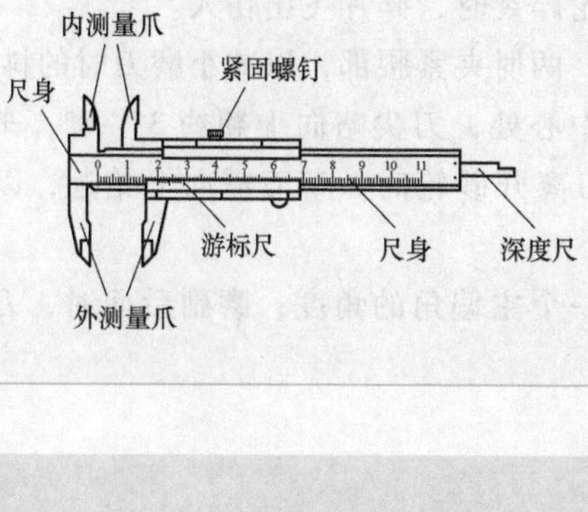	游标卡尺主要由尺身和游标尺组成。外测量爪主要用于测量外圆直径和长度，内测量爪主要用于测量内孔直径和槽宽，深度尺主要用于测量孔的深度和台阶的高度 测量前先对零，如有误差可根据一定规则计算后计入测量值。常用游标卡尺一般分度值为0.02mm，量程为0~150mm

（续）

操作图	相关知识及操作要点
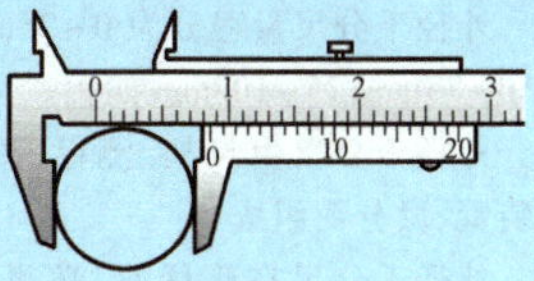	擦干净测量表面，左手捏住尺身，右手握住游标尺滑动测量，与测量面垂直。用力要合适，不宜过大。在夹住时读数，要垂直观察
 内径测量	内孔测量时注意内测量爪与被测表面贴实
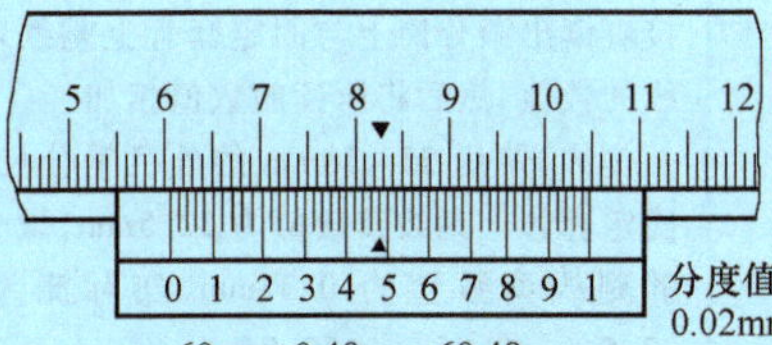 	读数时，先读出游标零线左边在尺身上的整数毫米数，接着在游标上找到与尺身刻线对齐的刻度，并读出小数值。然后将所读的数值相加。例如：使用分度值为 0.02mm 的游标卡尺测量，尺身上的整数值为 60mm，游标卡尺的小数值为 0.48mm，此时实际测量值为 60mm+0.48mm=60.48mm
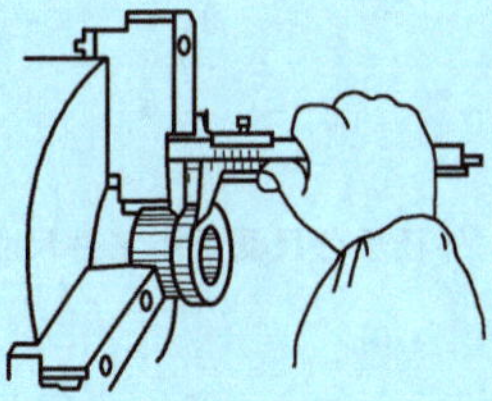	轴向长度测量，游标卡尺与回转中心平行
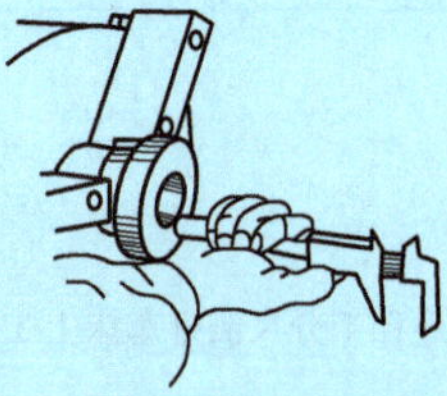	游标卡尺测量孔深的方法
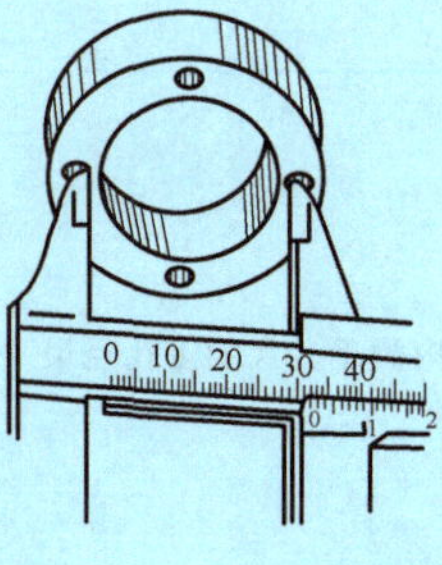	游标卡尺测量孔中心距的方法：测量尺寸加孔径即为孔的中心距

（续）

操作图	相关知识及操作要点
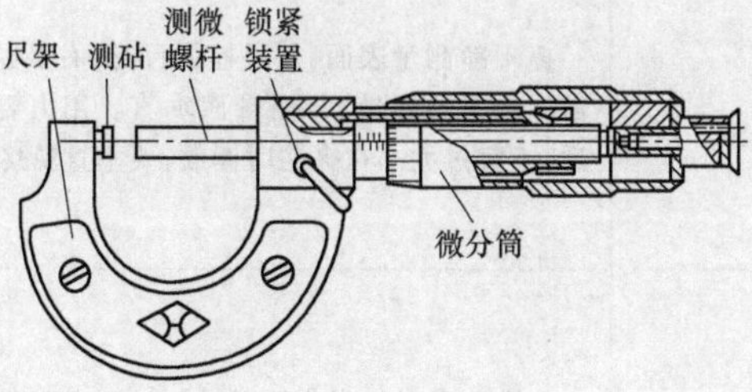	外径千分尺量程分为 0~25mm；25~50mm；50~75mm；75~100mm 四种 外径千分尺由尺架、测砧、测微螺杆、锁紧装置、微分筒组成 外径千分尺在测量前，必须先对零位。如果零位不准确，可用专用扳手转动固定套管。当零位偏差过大时，可松开紧固螺钉，使测微螺杆与微分筒转动，再转动微分筒，对准零位
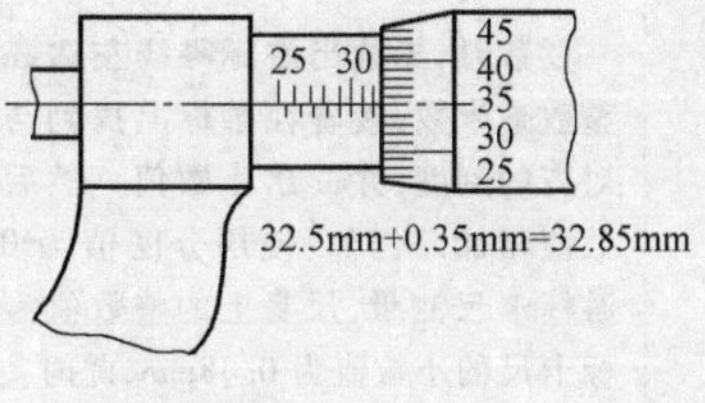	外径千分尺的读数分三步：先读出微分筒左边固定套管中露出刻线整数与半毫米值，接着读出微分筒上与固定套管上基线对齐刻线的数值，然后将所读的数值相加 例如：使用 25~50mm 的外径千分尺测量，固定套管上刻线读数值为 32.5mm，微分筒上的刻线读数值为 0.35mm，实际测量值为 32.5mm+0.35mm=32.85mm
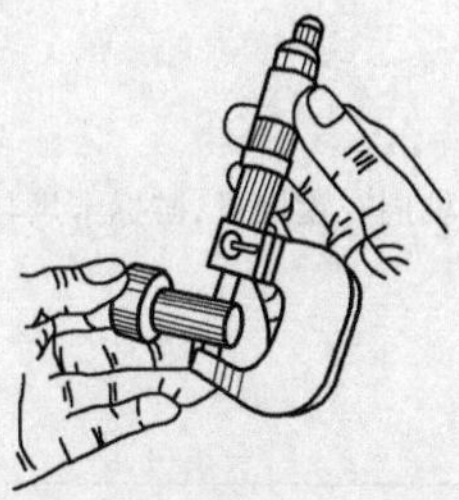	外径千分尺测量小工件尺寸的方法
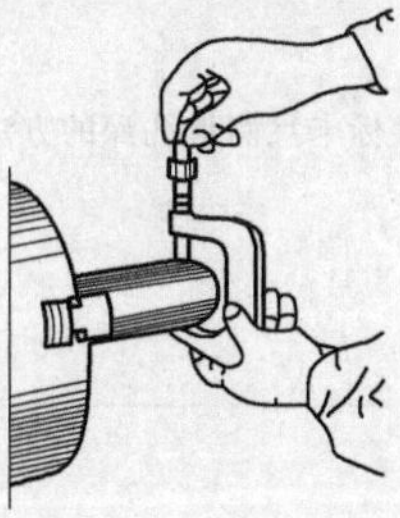	外径千分尺测量车床上工件尺寸的方法
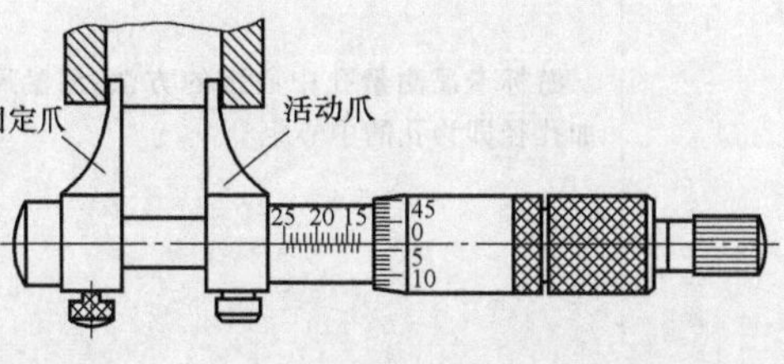	内测千分尺测量孔径尺寸的方法

（续）

操作图	相关知识及操作要点
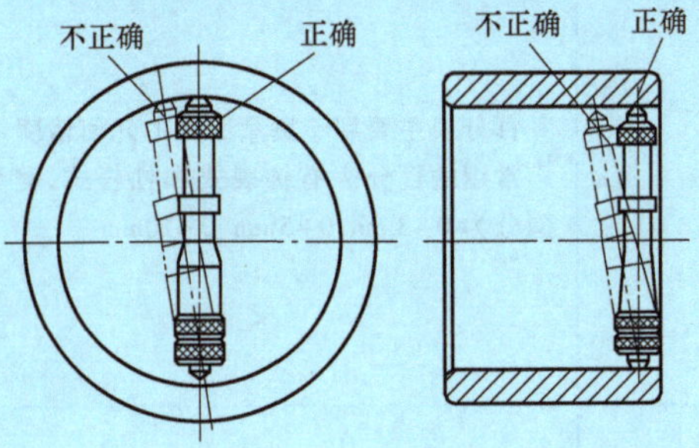	用内径千分尺测量孔径时，内径千分尺应在孔壁内摆动，径向摆动找出最大值，轴向摆动找出最小值，这两个重合尺寸，就是孔的实际尺寸 内径千分尺的刻线方向与外径千分尺相反，顺时针转动微分筒时，活动爪向右移动，测量值增大
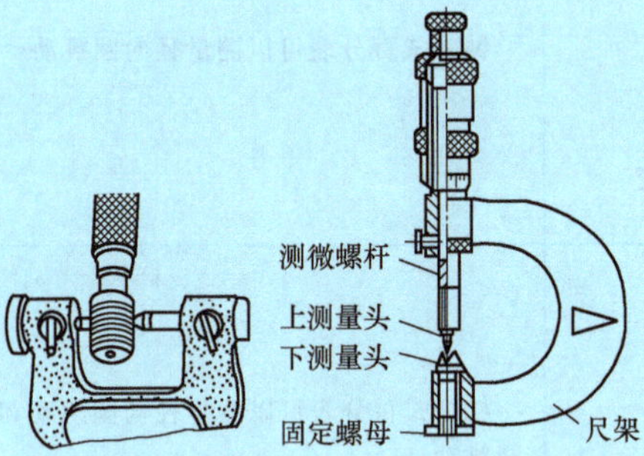	螺纹千分尺一般用来测量三角螺纹的中径 螺纹千分尺由尺架、固定螺母、下测量头、上测量头、测微螺杆组成
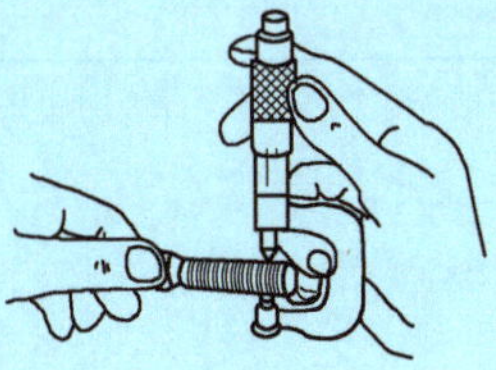	螺纹千分尺测量螺纹尺寸的方法 测量时选用一套与螺纹牙型角相同的上、下两个测量头，让两个测量头正好卡在螺纹的牙侧上，此时螺纹千分尺的读数就是螺纹的中径尺寸
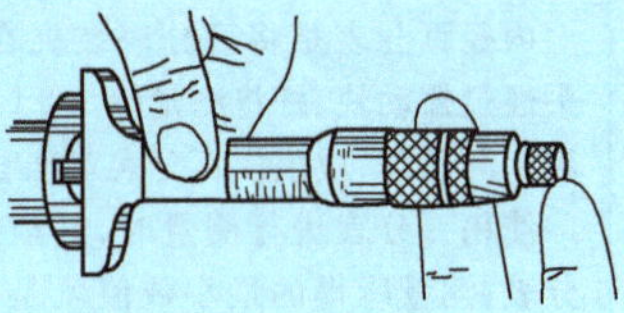	深度千分尺测量深度尺寸的方法
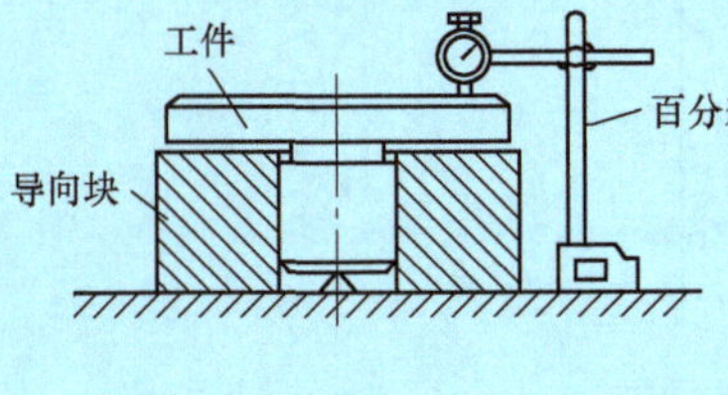	钟表式百分表可以测量端面垂直度

（续）

操作图	相关知识及操作要点
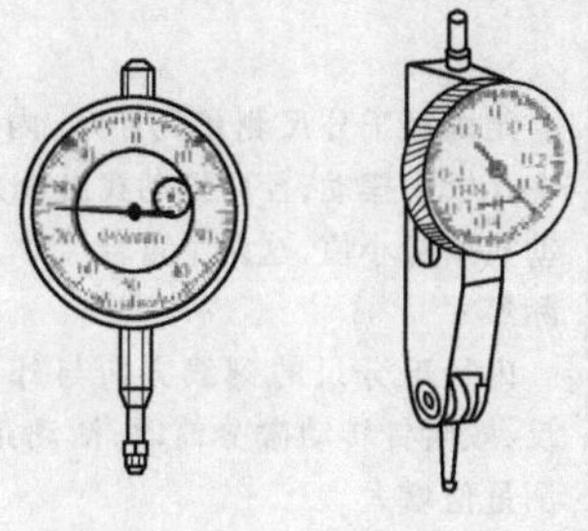	百分表主要用于测量工件的几何精度 常用的百分表有钟表式和杠杆式，测量范围分为 0~3mm、0~5mm、0~10mm
	钟表式百分表可以测量径向圆跳动
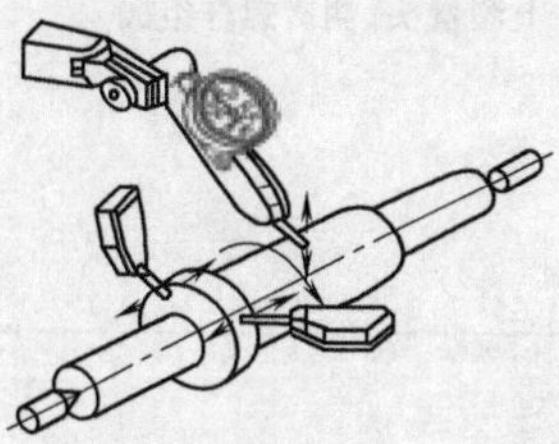	杠杆式百分表可以测量径向圆跳动和轴向圆跳动
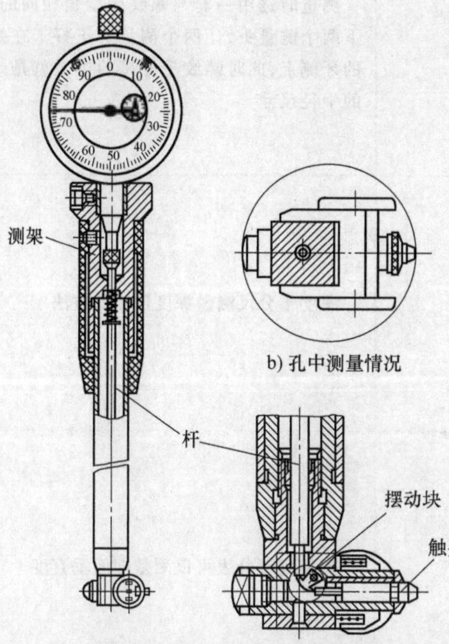 a) 结构原理 b) 孔中测量情况 c) 测量头部放大图	内径百分表是将百分表装夹在测架上，触头通过摆动块、杆将测量值 1∶1 传递给百分表。测量前，应该使百分表对准零位 使用百分表进行测量时，必须左右摆动百分表，测量所得的最小数值就是孔径的实际尺寸。内径百分表主要用于测量精度较高而又深的孔

（续）

操作图	相关知识及操作要点
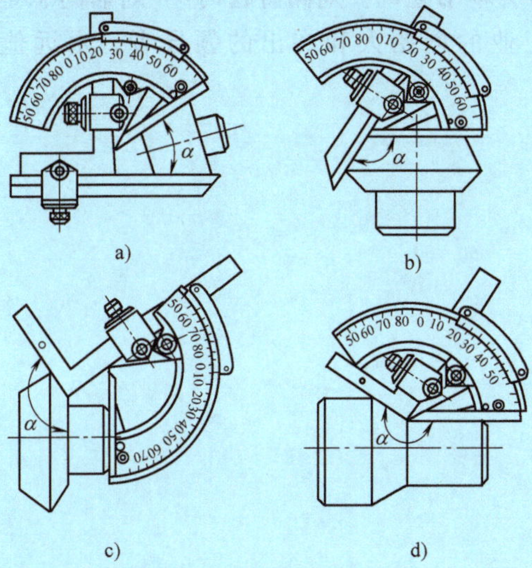	万能角度尺可以测量 0°～320°范围内的任何角度。测量时，根据工件角度的大小，选用不同的测量装置：测量 0°～50°范围的角度选用图 a 所示装置，测量 50°～140°范围的角度选用图 b 所示装置，测量 0°～50°、40°～230°范围的角度选用图 c 所示装置，测量 230°～320°范围的角度选用图 d 所示装置

【职业素养提升】

兵工泰斗、统战功臣——刘鼎

刘鼎（1903—1986），本名阚思俊，字尊民，曾化名阚泽民、甘作明、戴良等，四川省南溪县人，阚舜臣之子。刘鼎是忠诚的共产主义战士，久经考验的中国共产党优秀党员，全国政协常委，原航空工业部顾问。1924 年赴德国勤工俭学，同年经孙炳文、朱德介绍加入中国共产党，任旅德青年团支部书记，1926 年转赴苏联深造。

“刘鼎同志是我国军工事业的创始者和主要奠基人，在军事工业和机械工业界享有很高的威望。”

刘鼎为太行兵工制造掷弹筒和弹解决两大难题：一是筒身与弹体原料；二是加工方法。刘鼎依靠群众力量和集体智慧，奇迹般地解决了这两大难题，充分体现了军工精神和集体主义精神。工作中，他迎难而上，为解决掷弹筒筒身缺少粗大钢材的问题，就用敌占区拆毁的铁路道轨来代替；而弹体需要量大，导轨难以为继，他又考虑用太行盛产的白口生铁为原料。对于精密加工领域来说，需要考虑的因素复杂，在当时的环境下工作，要解决的技术难点特别多。炮弹相关零件主要以回转体为主，多为车床加工，刘鼎和他的团队在滑膛结构上进行了设计和生产上的优化，经过反复试验，最终将掷弹筒和弹的问题彻底解决。1941 年 4 月，太行兵工的第一批掷弹筒与弹试制成功，射程最远达到 700 米，实现了彭总“敌人有掷弹筒，我们也必须有”的要求。

国务院原副总理习仲勋为刘鼎题词：“兵工泰斗，统战功臣”。刘鼎生前常说，他一生主要做了两件事，一是参与西安事变，二是组织军工建设。

1991 年 8 月，原航空工业部组织编写的《一代英才——怀念刘鼎同志》专辑正式出版。老一辈无产阶级革命家纷纷为本书题词。刘澜涛题词："刘鼎同志是一位忠诚的共产主义战士，我国军事工业的创始人和杰出的领导者，永远值得怀念"。

【考核评价】

<table>
<tr><td colspan="3">任务名称</td><td colspan="2"></td><td>完成日期</td><td colspan="3"></td></tr>
<tr><td colspan="3">姓　名</td><td colspan="2"></td><td>组　号</td><td colspan="3"></td></tr>
<tr><td rowspan="9">过程考核</td><td colspan="2">考核项目</td><td colspan="2">考核内容及配分</td><td>自我评价（10%）</td><td>班组评价（30%）</td><td>教师评价（60%）</td><td>得分</td></tr>
<tr><td rowspan="4">职业素养</td><td>纪律</td><td colspan="2">认真学习，不迟到早退，服从安排（10分）</td><td></td><td></td><td></td><td rowspan="4"></td></tr>
<tr><td>安全文明生产</td><td colspan="2">安全着装，按要求操作机床（10分）</td><td></td><td></td><td></td></tr>
<tr><td>职业规范</td><td colspan="2">爱护设备、量具，实训中工具、量具、刀具摆放整齐，按规定给机床加油、清洁（10分）</td><td></td><td></td><td></td></tr>
<tr><td>现场要求</td><td colspan="2">不玩手机，不大声喧哗，不打闹，课后清扫地面、设备，清理现场（10分）</td><td></td><td></td><td></td></tr>
<tr><td>知识、技能</td><td>任务掌握</td><td colspan="2">对任务的知识、技能掌握程度（60分）</td><td></td><td></td><td></td><td></td></tr>
<tr><td colspan="2">人伤械损事故</td><td colspan="2">若出现人伤械损事故，整个任务成绩记0分</td><td></td><td></td><td></td><td></td></tr>
<tr><td colspan="4">总　分</td><td></td><td></td><td></td><td></td></tr>
<tr><td colspan="8"></td></tr>
<tr><td colspan="4">备注（现场未尽事项记录）</td><td colspan="5"></td></tr>
<tr><td colspan="4">教师签字</td><td colspan="2"></td><td>学生签字</td><td colspan="2"></td></tr>
</table>

【思考练习】

一、选择题

1. 找正的作用是（　）。

A. 机床的回转中心和工件的回转中心相一致

B. 机床的回转中心和工件的回转中心平行

C. 工件的端面和夹具端面相交

D. 工件的端面和夹具端面相垂直

2. 盘类零件的找正包含（　　）找正。

A. 端面　　B. 外圆　　C. 外圆和端面　　D. 中心轴和外圆

3. 刃磨高速钢车刀时，应选用粒度为（　　）号的软或中软的氧化铝砂轮。

A. F30~F46　　B. F46~F60　　C. F60~F80　　D. F90~F120

4. 工件的（　）个自由度都得到限制，工件在夹具中只有唯一的位置，这种定位称为完全定位。

A. 4　　B. 5　　C. 6　　D. 7

5. 轴类的找正包含（　　）。

A. 夹持工件的近端　　B. 夹持工件的远端

C. 夹持工件的中点　　D. 夹持工件的近端和远端

6. 用双顶尖装夹工件车削外圆面，限制自由度为（　　）。

A. 6　　B. 5　　C. 4　　D. 3

7. 夹具装置的基本要求就是使工件占有正确的加工位置，并使其在加工过程中（　　）。

A. 保持不变　　B. 灵活调整　　C. 相对滑动　　D. 便于安装

8. 定位点少于应限制的自由度，工件不能正确定位，这种定位称为（　　）。

A. 部分定位　　B. 欠定位　　C. 重复定位　　D. 过定位

9. 固定顶尖的刚度好，定心准确，但因与工件中心孔产生（　　）摩擦而发热过多，容易使中心孔或顶尖烧坏。

A. 滚动　　B. 移动　　C. 滑动　　D. 跳动

10. 除第1道工序外，其余工序都采用同一个表面作为精基准，称为（　　）原则。

A. 基准统一　　B. 基准重合　　C. 自为基准　　D. 互为基准

11. 在主轴加工中选用支承轴颈作为定位基准磨削锥孔，符合（　　）原则。

A. 基准统一　　B. 基准重合　　C. 自为基准　　D. 互为基准

12. 工件定位基准与设计基准重合，就可避免（　　）产生。

A. 基准位移误差　　B. 基准不重合误差

C. 加工误差　　D. 定位误差

13. 一般轴类工件，在车、铣、磨等工序中，始终用中心孔作精基准，符合（　　）的原则。

A. 基准重合　　B. 基准统一　　C. 基准转换　　D. 互为基准

14. 以下不属于自定心卡盘特点的是（　　）。

A. 夹紧力大　B. 装夹效率高　C. 自动定心好　D. 都不是

15. 使用手动夹具装夹造成工件尺寸一致性差的主要原因是（　　）。

A. 夹具制造误差　B. 夹紧力一致性差

C. 热变形　D. 工件余量不同

16. 在切削加工中，切削热主要是通过（　）传导出去的。

A. 切屑　B. 工件　C. 刀具　D. 周围介质

17. 车刀刀杆应该与进给方向（　　）。

A. 相切　B. 平行　C. 垂直　D. 相反

18. 违反安全操作规程的是（　　）。

A. 执行国家劳动保护政策　B. 使用不熟悉的机床和工具

C. 遵守安全操作规程　D. 执行国家安全生产的法令、规定

19. 车刀伸出的长度尽量短，一般为刀杆厚度的（　　）倍。

A. 1.5　B. 2　C. 2.5　D. 3

20. 刀尖低于工件中心时，车削端面时，工件中心会留下（　　），容易损坏刀尖。

A. 平面　B. 凸头　C. 凹陷　D. 圆锥

二、判断题

1. 夹紧力作用点应落在工件刚度较好的部位。(　　)
2. 夹具的组成包括：定位装置、夹紧装置、夹具体、辅助装置。(　　)
3. 夹紧机构要有自锁作用，原始作用力去除后工件仍保持夹紧状态。(　　)
4. 轴向夹紧夹具可减少薄壁零件的变形。(　　)
5. 在车削前，首先应该对细长轴进行校正。(　　)
6. 用自定心或单动卡盘装夹工件，可限制工件的3个方向的移动。(　　)
7. 夹紧力的方向自由选择。(　　)
8. 每种刀具都有自己所适应的加工材料。(　　)
9. 热膨胀性是金属材料的物理性能。(　　)
10. 切断刀可以在工件上切沟槽。(　　)
11. 可转位式车刀可以避免硬质合金刀片在高温焊接时产生应力和裂纹。(　　)
12. 粗加工、断续切削和承受冲击载荷时，为了保证切削刃的强度，应取较小的后角，甚至负前角。(　　)
13. 刃倾角是主切削刃与基面之间的夹角。(　　)
14. 偏刀的主偏角是90°。(　　)
15. 刃倾角可控制流屑的方向。(　　)
16. 车圆锥时产生双曲线误差的主要原因是刀尖没有对准工件轴线。(　　)
17. 安全文明生产的根本保证是制定切实可行的规章制度。(　　)
18. 企业领导对职能部门报告的安全文明生产问题及时做出处理。每月在安全生产分析会对安全文明生产工作进行部署。(　　)
19. 解决太行兵工掷弹筒的筒身与弹体的原材料和加工方法两大制造难点的人是刘鼎。(　　)
20. 国务院原副总理习仲勋为刘鼎题词：“兵工泰斗，统战功臣”。(　　)

单元三

普通车床加工技能

【学习导航】

学习目标	掌握车床基本操作；掌握轴类零件包含外圆、台阶、槽、切断等的加工；掌握孔套类零件的加工，熟练使用尾座和附件进行钻孔、扩孔、车孔；掌握锥面的加工，根据零件具体情况选用合适的锥面加工方法；学会螺纹加工	
重点难点	重点：轴类零件、孔套类零件、锥面、螺纹零件的加工 难点：车削加工基础技能的掌握	
教学目标	素养目标	培养学生严谨认真、吃苦耐劳、精益求精的精神，且具有为社会主义建设奋斗的素质
	知识目标	掌握车削原理，掌握车刀的组成原理和切削特性
	能力目标	掌握车削原理，掌握车削外圆、孔、锥面、螺纹的加工方法

【任务描述】

通过零件图样，了解车削基本原理以及切削用量的选择，并根据图样要求，加工出尺寸、形状、精度合格的零件，并选取合适的刀具角度。

【任务分组】

学生任务分配表

班级		组别		组长	
姓名		学号		指导教师	
组员		任务分工			
学号	姓名				
未尽事项说明					

【任务引导】

任务名称:普通车床加工技能					设备编号		
班级		姓名		组别		日期	

一、明确任务目的

1. 熟悉轴类零件加工的基础知识。
2. 掌握轴类零件车削的方法,包含外圆、台阶、槽、切断等的加工。
3. 熟悉孔套类零件加工的基础知识。
4. 掌握孔套类零件车削的方法,能熟练使用尾座和附件进行钻孔、扩孔、车孔。
5. 熟悉锥面加工基础知识。
6. 掌握锥面加工方法,能根据零件具体情况选用合适的锥面车削方法。
7. 熟悉螺纹加工基础知识。
8. 掌握内外螺纹的车削方法和测量方法。
9. 遵守 7S 现场管理的相关规定。

二、引导问题

1. 使用右偏刀车削外圆的方法步骤是什么?

2. 轴类零件加工的基本原则是什么?

3. 为什么说圆柱孔的加工要比车削外圆困难得多?

4. 车孔的关键技术是什么?

5. 车通孔和车不通孔有什么不同？各选用什么样的刀具？

6. 扩孔的方法有哪些？各有什么优缺点？

7. 测量孔常用的量具有哪些？

8. 锥面的基本加工方法有哪些？各有什么特点？

9. 如何检查圆锥的锥度？

10. 什么是螺纹？螺纹的种类有哪些？

11. 螺纹的测量方法有哪些？

12. 大国工匠顾秋亮为我国载人深潜事业做了哪些贡献？

【相关知识】

一、外圆、台阶加工

车削台阶

圆柱表面是构成各种机器零件形状的基本表面形状之一。外圆、台阶的加工是车工的基础，加工过程分为粗车和精车。下面将对外圆和台阶的车削方法进行介绍，内容涵盖了车刀的选择、刃磨以及切削用量的选择。

1. 车削外圆、台阶

外圆柱面是常见的轴类、套类零件最基本的表面。根据使用要求，在外圆柱面上还可能有端面、台阶及沟槽等结构。这些结构表面的加工是每一位车工应首先掌握的技能。对于初学者，车端面应首先从手动车端面开始。手动车端面是轴类零件车削的入门技能，是车工技能的启蒙阶段，是直观、感性认识车床、车刀和工件加工的初始阶段。

手动进给车削外圆端面

（1）外圆的车削（机动车削外圆）　一般把主偏角等于90°的车刀称为偏刀，分为右偏刀和左偏刀，其中右偏刀又称之为正偏刀，本教程主要讲述右偏刀由右至左的（由车尾到车头）车削外圆的方法，具体步骤如下：

1）工件装夹（工件的装夹与找正）。在单动卡盘或自定心卡盘上夹持工件，使工件回转中心尽量与主轴中心线重合。

2）车刀的安装与对刀。将车刀安装在刀架上，并通过垫片调整刀尖高度，要求刀尖应该严格对准工件中心，并与主轴线同高。

3）选取合适的切削用量。根据工件的图样要求，以及工艺要求，选取合适的切削用量，具体原则见表3-1。

4）操作刻度盘。中滑板刻度盘装在中滑板丝杠上，中滑板带着刻度摇手柄一周时，中滑板丝杠也转一周，刀架随之移动一个螺距。根据刻度，调整合适尺寸，并进行车削。

5）车削工件。根据工件要求，可以使用手动或自动车削外圆。

6）测量。

（2）台阶面的车削　台阶面的车削步骤与外圆基本相同，只是切削时进给方向是沿着径向方向。

机动进给车削外圆端面

2. 刀具的选择与刃磨

（1）车刀的基本知识　车刀切削部分的组成如图3-1所示。

1）前面（A_γ）。刀具上切屑流过的表面。

2）后面。与工件上切削中产生的表面相对的表面，包括主后面和副后面。

① 主后面（A_α）。刀具上同前面相交形成主切削刃的后面。

表 3-1 粗车、半精车、精车切削用量的选择

加工阶段	粗车	半精车和精车
原则	粗车的原则是要考虑提高生产率并保证合理的刀具寿命。首先要选用较大的背吃刀量，然后再选择较大的进给量，最后根据刀具寿命选用合理的切削速度	必须保证加工精度和表面质量，同时还必须兼顾必要的刀具寿命和生产率
背吃刀量	在保留半精车余量（1～3mm）和精车余量（0.1～0.8mm）后，其余的余量应尽量一次车去	由粗加工后留下的余量确定。用硬质合金车刀车削时，最后一刀的背吃刀量不宜太小，以 a_p>0.1mm 为宜
进给量	在工件刚度和强度允许的情况下，可选用较大的进给量	一般多采用较小的进给量
切削速度	车削中碳钢时，平均切削速度为 80～100m/min；切削合金钢时平均切削速度为 50～70m/min，切削灰铸铁时平均切削速度为 50～70m/min	用硬质合金车刀精车时，一般多采用较高的切削速度（80m/min 以上）；用高速钢车削时宜采用较低的切削速度

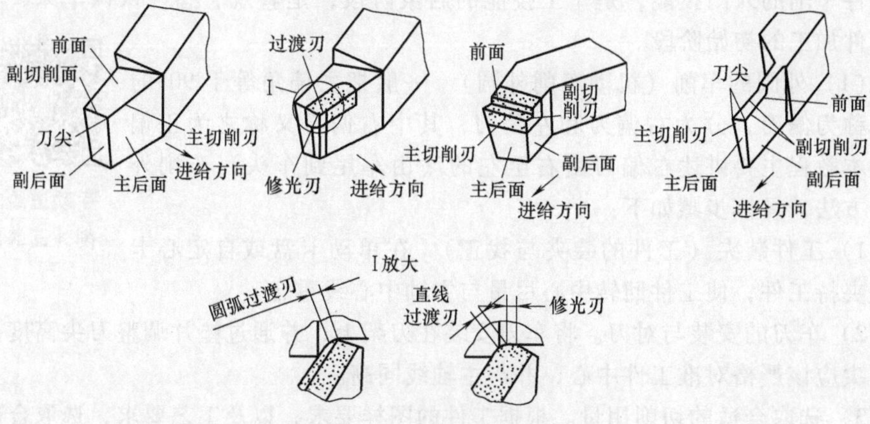

图 3-1 车刀切削部分的组成

② 副后面（A'_α）。刀具上同前面相交形成副切削刃的后面。

3）切削刃。刀具前面上拟作切削用的刃，包括主切削刃和副切削刃。

① 主切削刃（S）。起始于切削刃上主偏角为零的点，并至少有一段切削刃拟用来在工件上切出过渡表面的那个整段切削刃。

② 副切削刃（S′）。切削刃上除主切削刃以外的刃，它起始于主偏角为零的点，但向背离主切削刃的方向延伸。

4）刀尖。指主切削刃与副切削刃连接处相当少的一部分切削刃。

5）修光刃。副切削刃近刀尖处一小段平行于进给方向的切削刃称为修光刃。

确定车刀几何角度的辅助平面如图 3-2 所示。

1）切削平面。通过切削刃选定点与切削刃相切并垂直于基面的平面，切削平面通常可分为主切削平面和副切削平面。

2）基面。基面通过切削刃选定点的平面，它平行于或垂直于刀具在制造、刃磨及测量时适合于安装或定位的一个平面或轴线，一般说来其方位要垂直于假定

的主运动方向。

3）正交平面。通过切削刃选定点，并同时垂直于基面和切削平面的平面，正交平面有主正交平面和副正交平面之分。

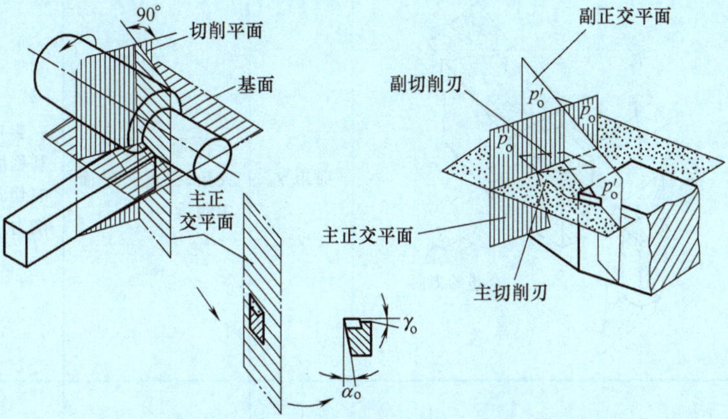

图 3-2　确定车刀几何角度的辅助平面

（2）车刀切削部分的几何角度的定义及作用（表 3-2）

1）车刀几何角度的定义、作用和初步选择。车刀切削部分共有 6 个独立的基本角度：前角（γ_o）、主后角（α_o）、副后角（α_o'）、主偏角（κ_r）、副偏角（κ_r'）和刃倾角（λ_s）。

表 3-2　车刀切削部分几何角度的定义及作用

所在基准坐标平面	图示	角度	定义	主要作用
基面	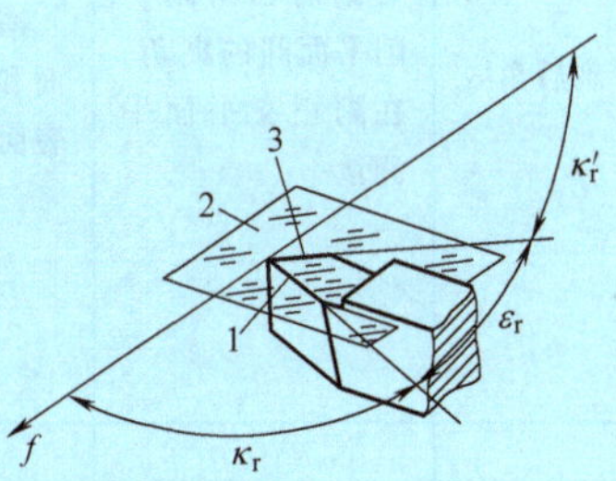 1—主切削刃在基面上的投影 2—基面 p_r 3—副切削刃在基面上的投影 f—进给运动方向	主偏角 κ_r	主切削平面与假定工作平面间的夹角，在基面中测量。常用车刀的主偏角有 45°，60°，75° 和 90° 等几种	改变切削刃的受力及导热能力，影响切屑的厚度
		副偏角 κ_r'	副切削平面与假定工作面间的夹角，在基面中测量	减少副切削刃与工件已加工表面间的摩擦。减小副偏角可以减小工件的表面粗糙度值；但是副偏角不能太小，否则会使背向力增大

（续）

所在基准坐标平面	图示	角度	定义	主要作用
主正交平面	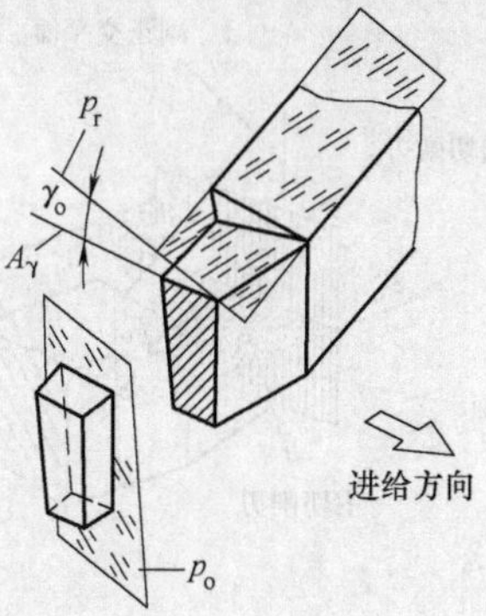	前角 γ_o	前面与基面的夹角，在正交平面中测量	影响刀尖的锋利程度和强度，影响切屑变形和切削力
	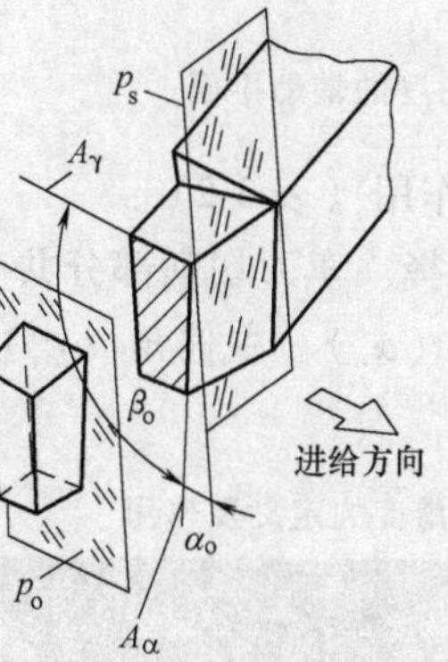	主后角 α_o	主后面与主切削平面间的夹角，在正交平面中测量	减少车刀主后面和工件过渡表面间的摩擦
副正交平面	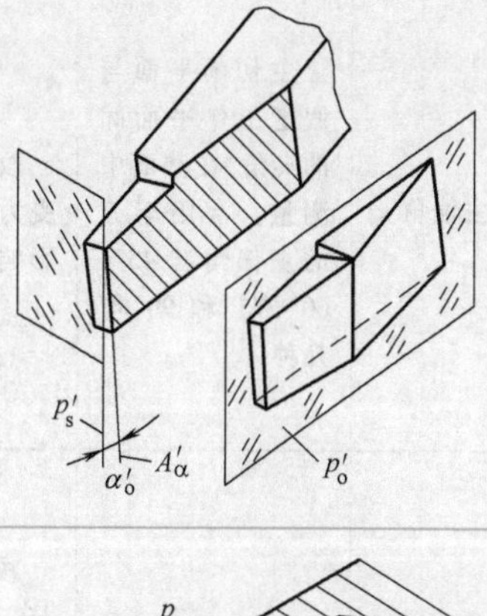	副后角 α_o'	副后面与副切削平面间的夹角，在副正交平面中测量	减少车刀副后面和工件已加工表面间的摩擦
主切削平面	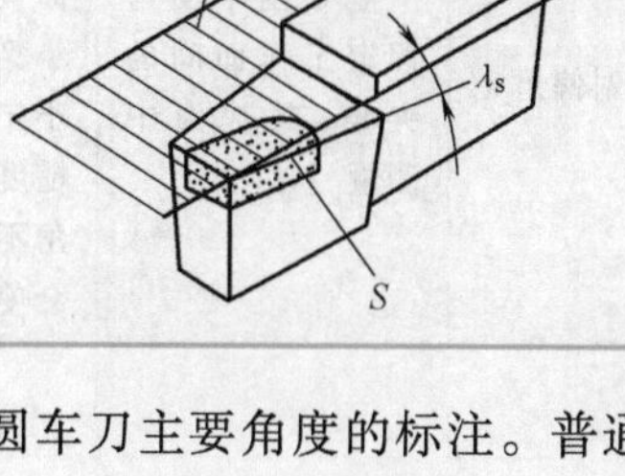	刃倾角 λ_s	主切削刃与基面间的夹角，在主切削平面中测量	控制排屑方向。当刃倾角为负值时，可增加刀头强度，并在受冲击时保护刀尖

2）外圆车刀主要角度的标注。普通外圆车刀主要角度的标注如图 3-3 所示。

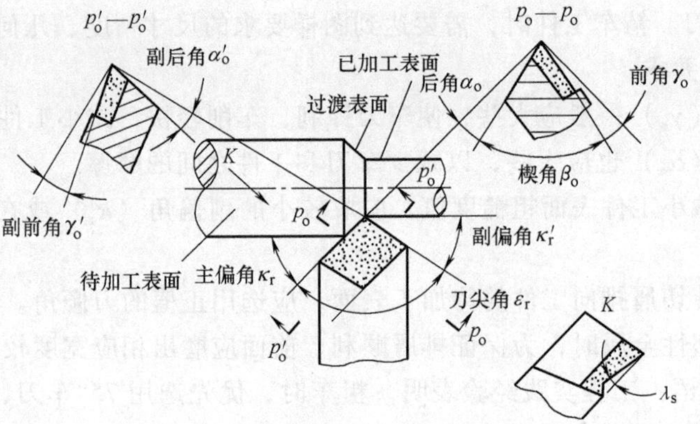

图 3-3　普通外圆车刀主要角度的标注

(3) 外圆车刀的角度选择

1) 粗车刀。外圆粗车刀必须适应粗车时吃刀深和进给快的特点，主要要求车刀有足够的强度和寿命，能一次进给车去较多的余量。

① 为了增加刀头强度，保证刃口有足够的寿命，前角（γ_o）应选小些。

② 为了增加刀头强度，后角（α_o）也应选小些，一般 α_o 为 5°~7°。

③ 主偏角（κ_r）不宜过小，否则车削时容易引起振动。

④ 粗车刀一般选取 $\lambda_s=-3°\sim0°$的刃倾角，以增加刀尖强度。

⑤ 为了增加切削刃的强度，达到锐中求固的目的，主切削刃上应磨有倒棱，倒棱宽度 $b_r=(0.5\sim0.8)f$，倒棱前角 $\gamma_{o1}=-10°\sim-5°$，如图 3-4 所示。

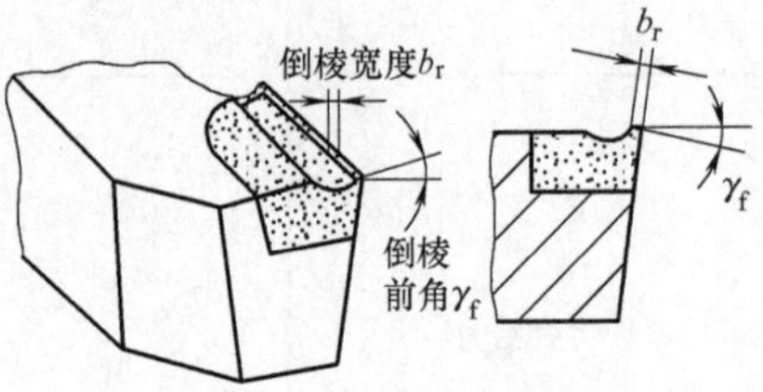

图 3-4　倒棱

⑥ 为了增加刀尖强度，改善散热条件，增加车刀寿命，刀尖处应磨有过渡刃。

⑦ 粗车塑性金属（如钢类）时，为了保证切削顺利进行，切屑能自行折断，应在车刀前面上磨有断屑槽，如图 3-5 所示。

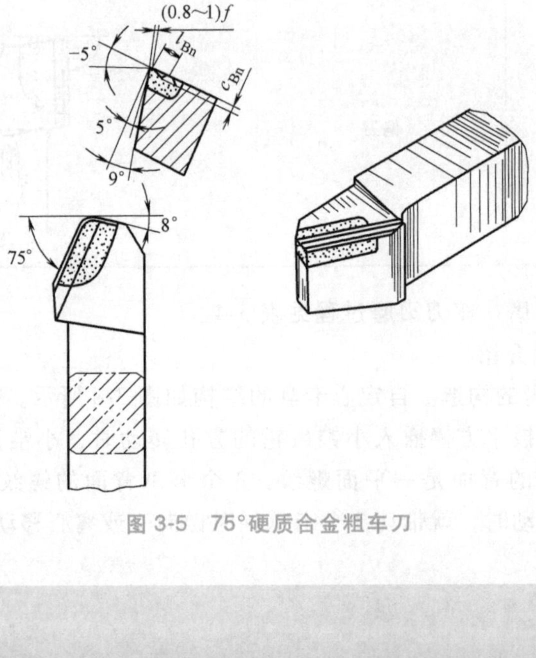

图 3-5　75°硬质合金粗车刀

2）精车刀。精车工件时，需要达到图样要求的尺寸精度、几何精度和较小的表面粗糙度值要求。

① 前角（γ_o）一般应大些，使车刀锋利，车削轻快，减小工件变形。

② 后角（α_o）也应大些，以减少车刀和工件之间的摩擦。

③ 为了减小工件表面粗糙度值，应取较小的副偏角（κ_r'）或在副切削刃上磨出修光刃。

④ 为了使切屑排向工件的待加工表面，应选用正值的刃倾角。

⑤ 精车塑性金属时，为保证排屑顺利，前面应磨出相应宽度较窄的断屑槽。

工程师寄语：工程实践经验表明，粗车时，优先选用 75°车刀，其次是 45°车刀，因为 75°车刀刀尖角大于 90°，车刀强度更大。

车刀形状及名称见表 3-3。

表 3-3 车刀形状及名称

车刀	别称	（右）车刀
45°车刀	弯头车刀	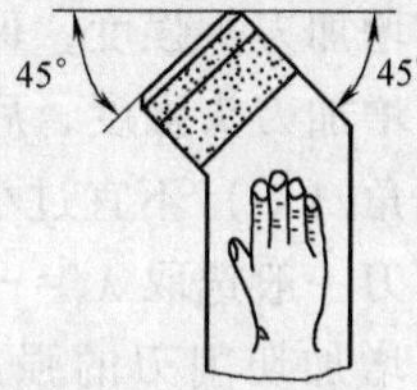
75°车刀		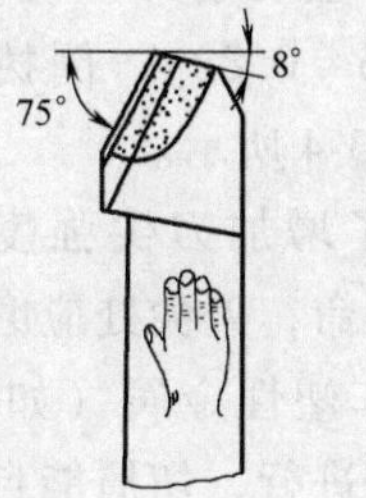
90°车刀	偏刀	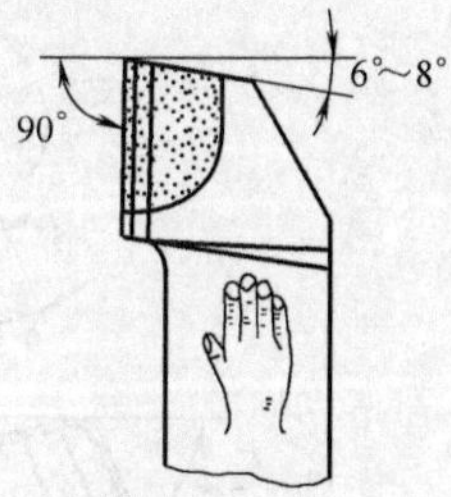

（4）刀具的刃磨　车刀刃磨过程见表 3-4。

3. 自定心卡盘介绍

1）自定心卡盘的构造。自定心卡盘的结构如图 3-6 所示。它是用连接盘装在车床主轴上的。当扳手方棒插入小锥齿轮的方孔转动时，小锥齿轮就带动大锥齿轮转动。大锥齿轮的背面是一平面螺纹，3 个卡爪背面的螺纹与平面螺纹啮合，因此当平面螺纹转动时，就带动 3 个卡爪同时做向心或离心移动。

表 3-4　车刀刃磨过程

步骤	刃磨内容	图示	测量图示
第 1 步	刃磨副偏角	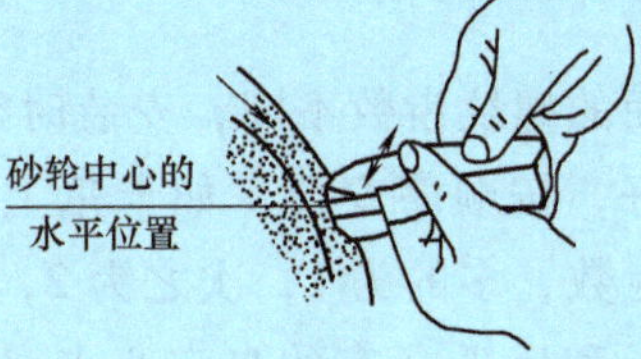	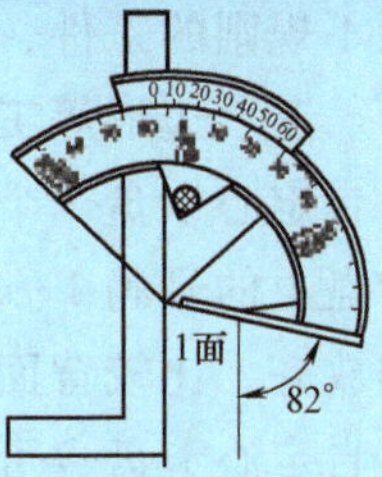
第 2 步	刃磨副后角	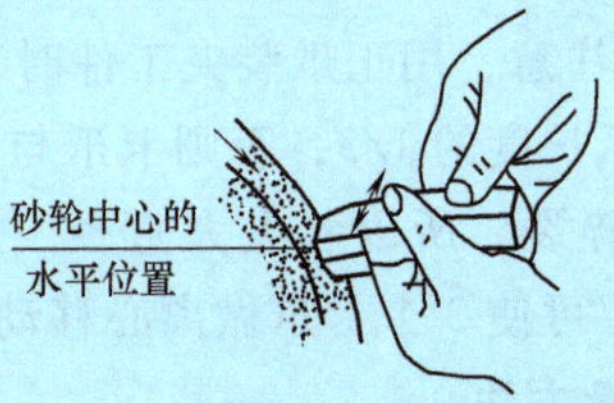	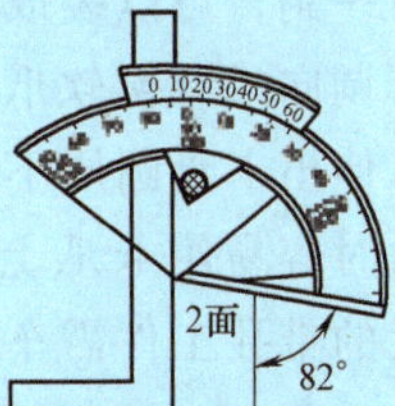
第 3 步	刃磨主后角	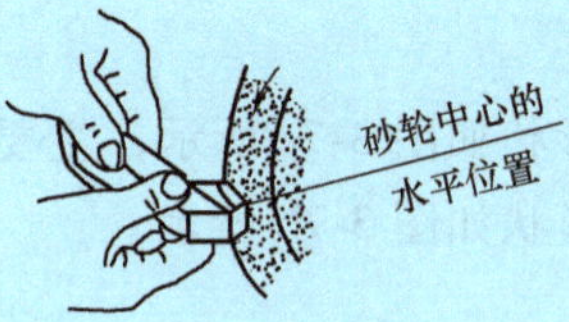	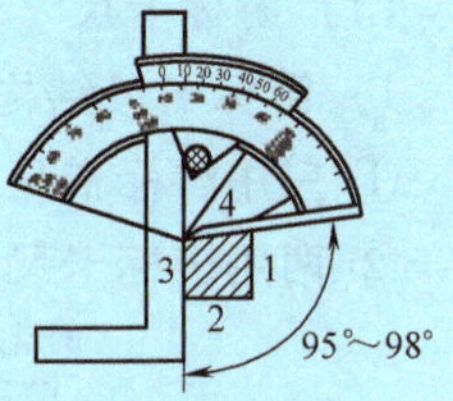
第 4 步	刃磨前角	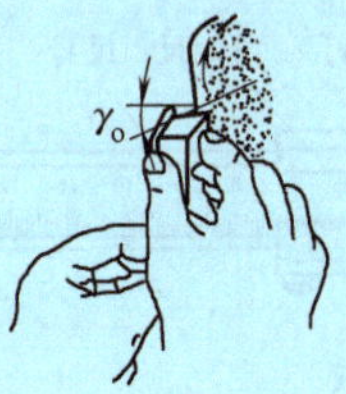	

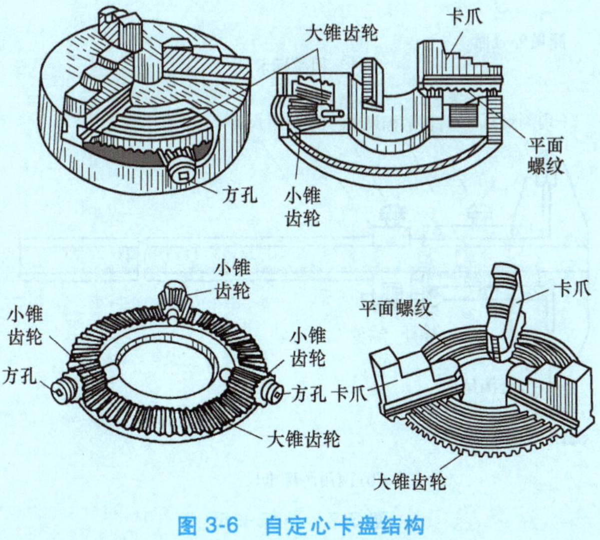

图 3-6　自定心卡盘结构

2）自定心卡盘的优缺点和应用。自定心卡盘能自动定心，不需要花很多时间去找正，装夹效率比单动卡盘高，但夹紧力没有单动卡盘大。这种卡盘不能装夹形状不规则的工件，只适用于大批量的中小型规则零件的装夹，如圆柱形、正三边形、正六边形等工件。

自定心卡盘 3 个卡爪背面的螺纹齿数不同，安装时须将卡爪上的号码 1、2、3 与卡盘上的号码 1、2、3 对好，按顺序安装。如卡爪上没有号码，可把 3 个卡爪并排放齐，比较背面螺纹的齿数，多的为 1，次之为 2，少的为 3，按顺序安装。

自定心卡盘也可装成正爪和反爪（有的自定心卡盘有正、反两副卡爪；有的只有一副，可以装成正爪或反爪；还有一种装配式卡爪，只要拆下卡爪上的螺钉，即可调向或调换软爪）。必须注意，用正爪装夹工件时，工件直径不能太大。一般卡爪伸出卡盘圆周不超过卡爪长度的 1/3，否则卡爪与平面螺纹只有 2~3 牙啮合，受力时容易使卡爪上的螺纹碎裂。所以装夹大直径工件时，尽量采用反爪装夹。较大的带孔工件需车外圆时，可使 3 个卡爪做离心移动，撑住工件内孔来车削。

4. 外圆、台阶常用的测量方法

（1）游标卡尺

1）游标卡尺结构。

① 三用游标卡尺的结构形状如图 3-7a 所示，主要由尺身、游标尺等组成。

② 两用游标卡尺的结构形状如图 3-7b 所示。

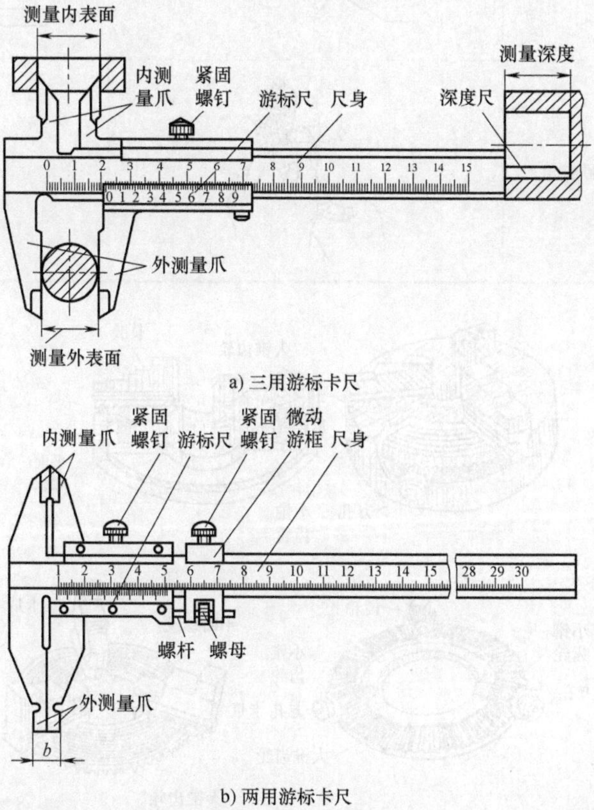

a) 三用游标卡尺

b) 两用游标卡尺

图 3-7 游标卡尺

2）游标卡尺的读数原理。

① 游标分度值为 0.1mm（1/10）的游标卡尺，尺身每小格 1mm，游标尺刻线总长为 9mm，并等分为 10 格，因此，每格为 9m/10=0.9mm，则尺身 1 格与游标尺 1 格之差为 1mm-0.9mm=0.1mm，所以它的分度值为 0.1mm。

② 游标分度值为 0.05mm（1/20）的游标卡尺，尺身每小格为 1mm，游标尺刻线总长为 39mm，并等分为 20 格，因此，每格为 39mm/20=1.95mm，则尺身 2 格和游标尺相对 1 格之差为 2mm-1.95mm=0.05mm，所以它的分度值为 0.05mm。

③ 游标分度值为 0.02mm（1/50）的游标卡尺，尺身每小格为 1mm，游标尺刻线总长为 49mm，并等分为 50 格，因此每格为 49mm/50=0.98mm，则尺身 1 格与游标尺 1 格之差为 1mm-0.98mm=0.02mm，所以它的分度值为 0.02mm。

（2）千分尺

1）千分尺的结构。外径千分尺的结构如图 3-8 所示。

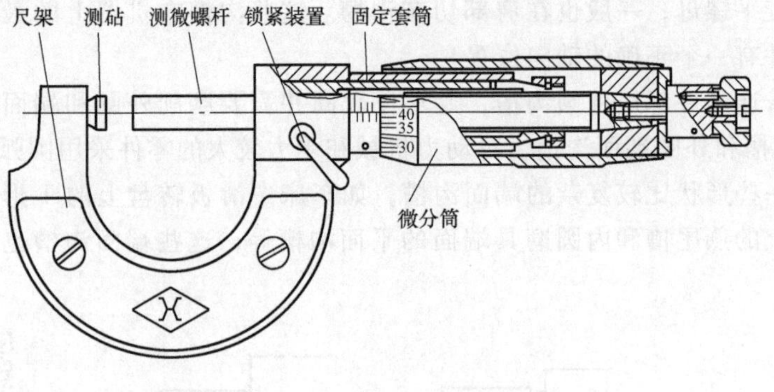

图 3-8　外径千分尺的结构

2）千分尺的工作原理及读法。

① 工作原理。千分尺测微螺杆与微分筒连为一体，边旋转边做直线移动。测微螺杆的螺距为 0.5mm，微分筒圆周刻有 50 条等分刻线，微分筒旋转 1 格，其轴向位移为 0.5mm/50=0.01mm。

② 读数方法。千分尺的读数方法如图 3-9 所示。

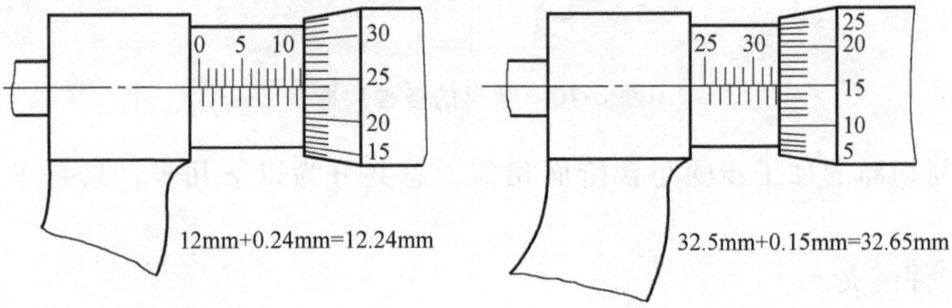

图 3-9　千分尺的读数方法

第 1 步：先读出固定套筒上露出刻线的整毫米数和半毫米数（注意：应与卡尺配合测量）。

第 2 步：看准微分筒上哪一格与固定套筒基准对准，其格数乘以千分尺的分度值0.01mm，即为尺寸的毫米小数值。

第3步：把固定套筒上读出的毫米数值与微分筒上读出的毫米小数值相加，即为测得的实测尺寸。

二、切槽和切断加工

车矩形槽和圆弧槽

1. 切槽和切断加工基本知识

在车削加工中，当工件的毛坯是整根棒料而且很长时，需要把它事先切成一段一段的，然后再进行车削；或是在车削完成后把工件从原材料上切下来，这样的加工方法叫作切断。

外沟槽是在工件的外圆或端面上切有各种形式的槽，如图3-10所示的外圆沟槽、45°沟槽、外圆端面沟槽、圆弧沟槽等各种形式。它们的作用一般是用于磨削时砂轮越程，或使砂轮磨削端面时保证肩部垂直（清角）；在车削螺纹时为了退刀方便和能旋平螺母，一般也在肩部切有沟槽。这些沟槽在机器上的最后作用是使装配时零件有一个正确的轴向位置。

一般普通零件都用外圆沟槽，要求比较高并需要磨削外圆和端面的零件可采用45°外沟槽和外圆端面沟槽，对动力机械和受力较大的零件采用圆弧沟槽。

还有一些形状比较复杂的端面沟槽，如车床中滑板转盘上的T形槽，磨床砂轮连接盘上的燕尾槽和内圆磨具端面的平面沟槽等，这些端面沟槽也是在车床上加工的。

车平面槽

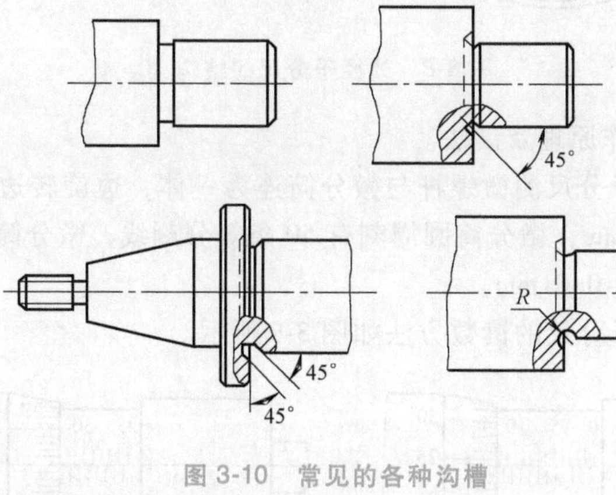

图3-10 常见的各种沟槽

切槽与切断的加工步骤与台阶面相似，总共分为以下几步，只是车刀与进给量不同：

1）工件装夹。

2）车刀的安装与对刀。

3）选取合适的切削用量。

4）操作刻度盘。

5）车削工件。

6）测量。

2. **切断刀的基础知识**

切断

切断刀和车槽刀的刃磨

（1）高速钢切断刀　高速钢切断刀如图 3-11 所示。

1）前角（γ_o）。切断中碳钢工件时，$\gamma_o = 20° \sim 30°$；切断铸铁工件时，$\gamma_o = 0° \sim 10°$。

2）主后角（α_o）。切断塑性材料时取大些，切断脆性材料时取小些。

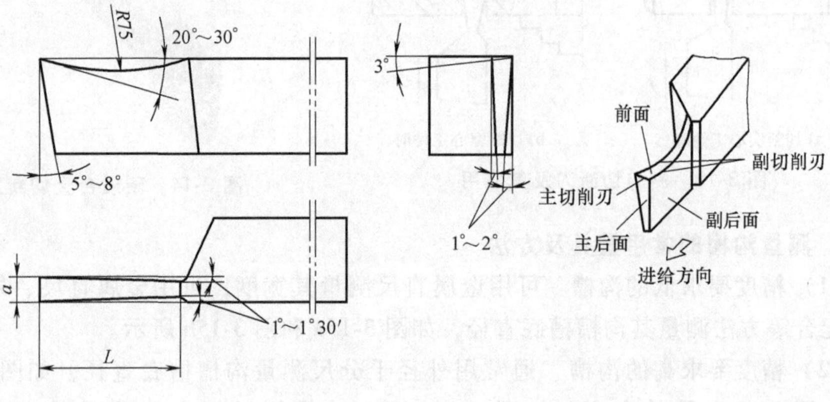

图 3-11　高速钢切断刀

3）副后角（α_o'）。切断刀有两个对称的副后角，其作用是减少切断刀副后面和工件两侧已加工表面之间的摩擦。

4）主偏角（κ_r）。切断刀以横向进给为主，主偏角 $\kappa_r = 90°$。

5）副偏角（κ_r'）。切断刀的两个副偏角也必须对称。

6）主切削刃宽度。主切削刃太宽，会因切削力过大而引起振动，并浪费工件材料；太窄又会削弱刀头强度，容易使刀头折断。

7）刀头长度。切断刀的刀头不宜太长，太长会引起振动和使刀头折断。直刃切断刀的刀头长度如图 3-12 所示。斜刃切断刀及其应用如图 3-13 所示。

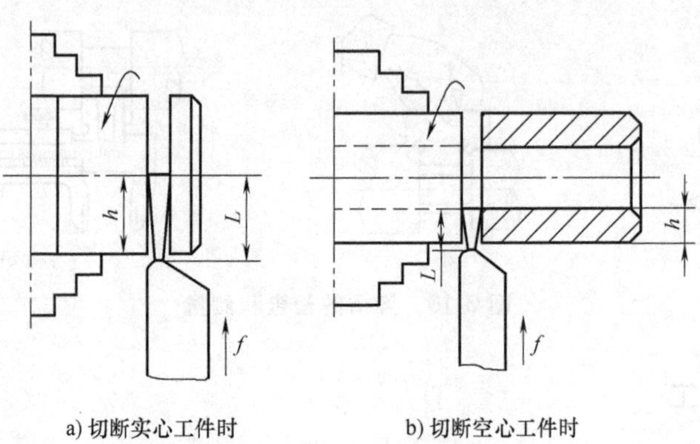

a) 切断实心工件时　　b) 切断空心工件时

图 3-12　直刃切断刀的刀头长度

（2）硬质合金切断刀　硬质合金切断刀如图 3-14 所示。由于高速切削的普遍采用，硬质合金切断刀的应用也越来越广泛。一般切断时，由于切屑和槽宽相等而容易堵塞在槽内，为了使切削顺利，可以把主切削刃两边倒角或把主切削刃刃磨成人字形。

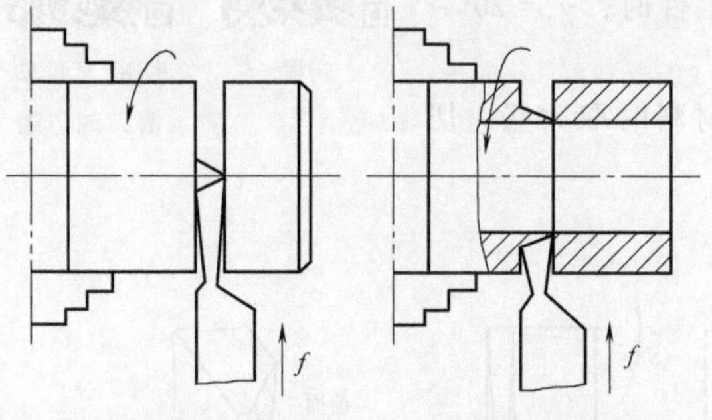

a) 切断实心工件时　b) 切断空心工件时

图 3-13　斜刃切断刀及其应用

图 3-14　硬质合金切断刀

3. 测量沟槽的常用量具及方法

（1）精度要求低的沟槽　可用金属直尺测量其宽度；可用金属直尺、外卡钳相互配合等方法测量其沟槽槽底直径，如图 3-15a 和图 3-15b 所示。

（2）精度要求高的沟槽　通常用外径千分尺测量沟槽槽底直径，如图 3-15c 所示；用样板测量其宽度，如图 3-15d 所示，或用游标卡尺测量其宽度，如图 3-15e 所示。

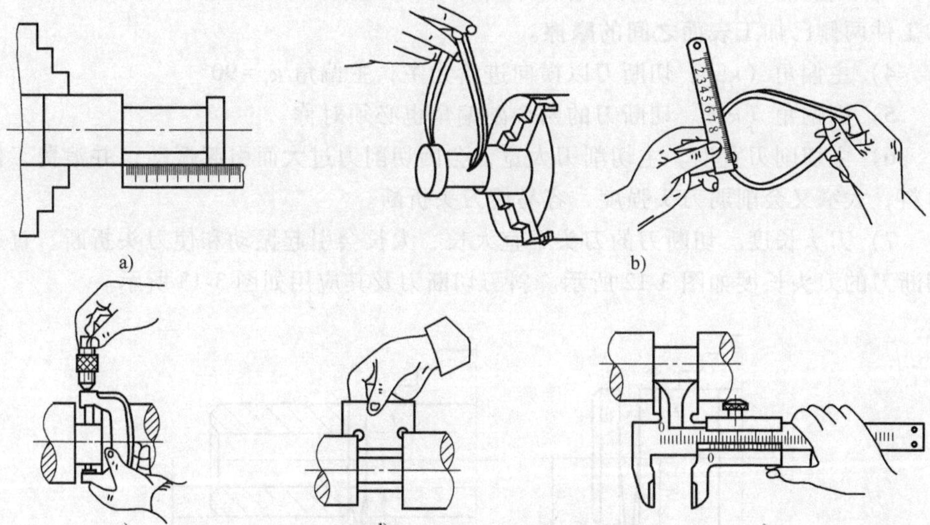

a)　b)　c)　d)　e)

图 3-15　沟槽的检查和测量

三、孔加工

1. 孔加工的基本方法

在机器中有许多零件，如轴承座、齿轮、带轮等，因为支承和配合的需要，一般做成具有圆柱孔的零件。因此，车工经常碰到圆柱孔加工。

用作配合的孔，一般都要求较高的精度（IT7~IT8）、较小的表面粗糙度值［*Ra*（0.2~3.2）μm］和较高的几何精度。

圆柱孔可以通过钻、扩、车或铰来加工。圆柱孔的加工要比车削外圆困难得多，因为：

1）孔加工是在工件内部进行的，观察切削情况很困难，尤其是孔径小时，根本看不见，因此控制更困难。

2）刀柄尺寸由于受孔径的限制，不能做得太粗，又不能太短，因此刚度很差，特别是加工孔径小，长度长的孔时，更为突出。

3）排屑和冷却困难。

4）当工件壁厚较薄时，加工时容易变形。

5）圆柱孔的测量比外圆困难。

2. 钻孔

用麻花钻在实体材料上加工孔的方法叫作钻孔，一般用于加工精度不高的孔。麻花钻的组成部分如图 3-16 所示。

钻孔

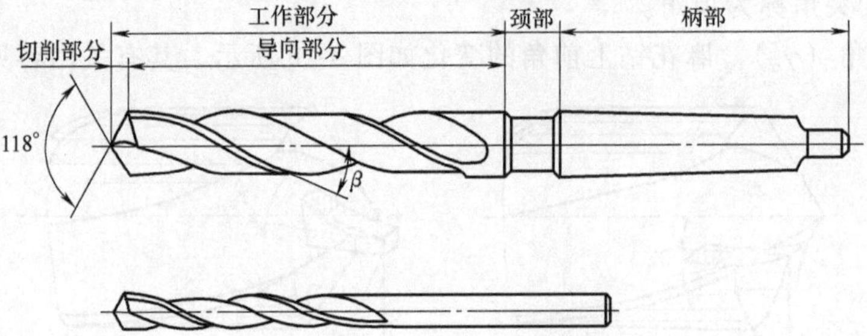

图 3-16　麻花钻的组成部分

（1）柄部　柄部是钻头上用于夹固和传动的部分，钻削时起传递转矩和钻头的夹持定心作用。麻花钻有直柄和莫氏锥柄两种。直柄钻头的直径一般为 0.3~13mm，莫氏锥柄的钻头直径见表 3-5。

表 3-5　莫氏锥柄钻头直径

莫氏锥柄号	1	2	3	4	5	6
钻头直径/mm	3.0~14.0	14.25~23.0	23.25~31.75	32.0~50.5	51.0~76.0	77.0~100.0

（2）颈部　颈部位于工作部分和柄部之间。直径较大的钻头在颈部标注有商标、钻头直径和材料牌号等。

（3）工作部分　钻头的工作部分由切削部分和导向部分组成，起切削和导向作用。为了节约高速钢，较大直径麻花钻的柄部材料为碳素结构钢。麻花钻工作部分的名称如图 3-17 所示。

1）螺旋槽。麻花钻头的工作部分有两条螺旋槽，它的作用是构成切削刃、排出切屑和流通切削液。

2）前面。麻花钻的螺旋槽面。

3）主后面。麻花钻钻顶的螺旋圆锥面。

4）主切削刃。前面和主后面的交线称为主切削刃，担任主要钻削工作。

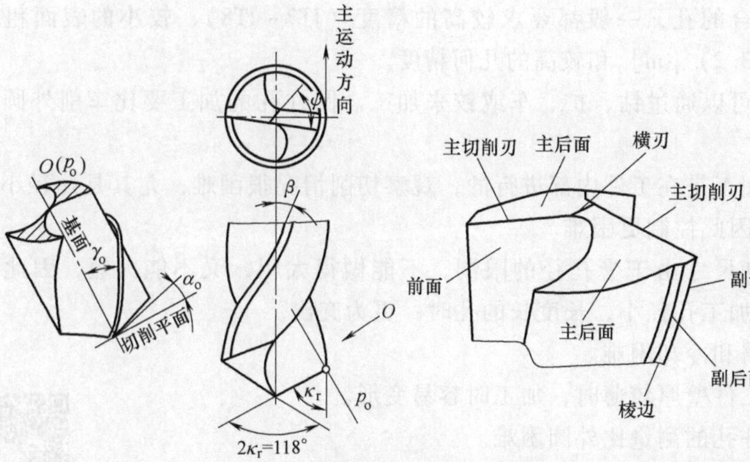

图 3-17 麻花钻工作部分的名称

5）顶角（$2\kappa_r$）。在通过麻花钻轴线并与两主切削刃平行的平面上，两主切削刃投影间的夹角称为顶角。

6）前角（γ_o）。麻花钻上前角的变化如图 3-18 所示，其有关内容见表 3-6。

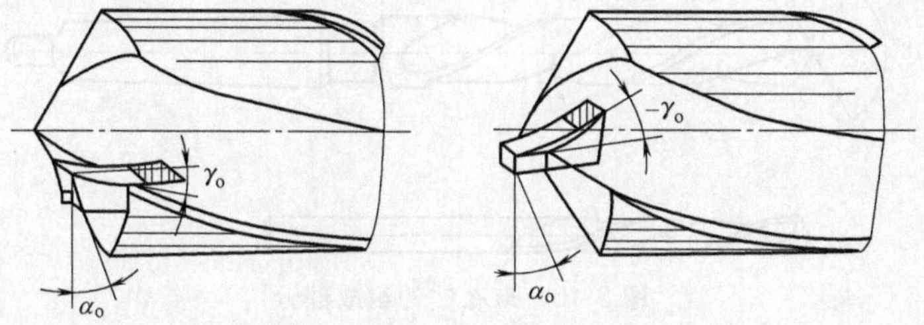

图 3-18 麻花钻前角的变化

表 3-6 麻花钻切削刃上不同位置处的螺旋角、前角和后角的变化

角度	螺旋角	前角	后角
符号	β	γ_o	α_o
变化规律	麻花钻切削刃上的位置不同，其螺旋角 β、前角 γ_o 和后角 α_o 也不同		
	自外缘向钻心逐渐减小	自外缘向钻心逐渐减小，并且在 $d/3$ 处前角为 0°，再向钻心则为负前角	自外缘向钻心逐渐增大
靠近外缘处	最大（名义螺旋角）	最大	最小
靠近钻心处	较小	较小	较大
变化范围	18°~30°	−30°~30°	8°~12°
关系	对麻花钻前角的变化影响最大的是螺旋角。螺旋角越大，前角就越大		

7）后角（α_o）。麻花钻的后角在圆柱面内测量，如图 3-18 所示。

8）横刃。麻花钻两主切削刃的连线称为横刃，也是两主后面的交线。

麻花钻的刃磨

3. 扩孔

扩孔一般采用麻花钻或采用扩孔钻。麻花钻扩孔一般是先用小直径的麻花钻进行钻孔之后，再换用符合尺寸要求的大直径麻花钻进行扩孔加工。

用麻花钻扩孔时，由于横刃不参加切削，轴向切削力很小，进给省力，但麻花钻外缘处的前角较大，进给过快容易将钻头“卡住”，造成钻头柄部在尾座套筒内打滑，破坏锥柄和套筒锥孔，甚至造成钻头切削刃产生崩刃。因此，扩孔时，应将钻头外缘处的前角适当修磨小些，并控制进给量。在扩平底孔和台阶孔时，要将麻花钻切削部分修磨成平头钻，才能扩孔。

由于扩孔钻的钻心比较粗，刚性好，导向性好，切削平稳，可选择较大的切削用量。扩孔钻的安装方法及扩孔方法与麻花钻的安装方法和扩孔方法相同。扩孔钻如图 3-19 所示。用扩孔钻扩孔的特点如下。

1）扩孔钻的刃齿一般为 3~4 齿，周边的棱边数量增多，导向性比麻花钻好，切削平稳，可改善加工质量。

2）扩孔钻的钻心粗，刚性好，且扩孔时背吃刀量小、切屑少、排屑容易，可选较高的切削速度和较大的进给量。

3）没有横刃，可避免横刃对切削的不利影响。

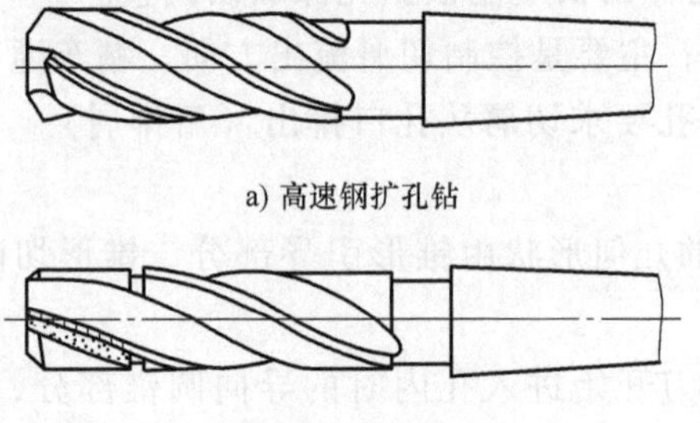

a) 高速钢扩孔钻

b) 硬质合金扩孔钻

图 3-19　扩孔钻

4. 车孔

车孔

车孔，就是使用具有适当几何角度的内孔车刀，对工件上的孔进行车削，从而保证孔的尺寸精度和表面粗糙度。车孔分为车通孔和车不通孔，对应的将车孔刀分为通孔车刀和不通孔车刀，如图 3-20 所示。

（1）通孔车刀　通孔车刀切削部分的几何形状基本上与外圆车刀相同，如图 3-20a 所示。为了减小径向切削力，防止振动，主偏角一般取 60°~75°，副偏角取 15°~30°。为了防止车孔刀后面和孔壁的摩擦，以及不使车孔刀的后角磨得太大，一般磨成两个后角，如图 3-20c 所示。

（2）不通孔车刀　不通孔车刀是车台阶孔或不通孔用的，切削部分的几何形状基本上与偏刀相同。它的主偏角大于 90°，刀尖在刀柄的最前端，刀尖到刀柄外端的距离应小于内孔半径 R，否则孔的底平面就无法车平。

加工方法与车削外圆和端面的步骤相似，不同的是加工表面在工件的内侧。

车孔的关键技术是增加车孔刀的刚度和解决排屑问题。增加车孔刀的刚度主

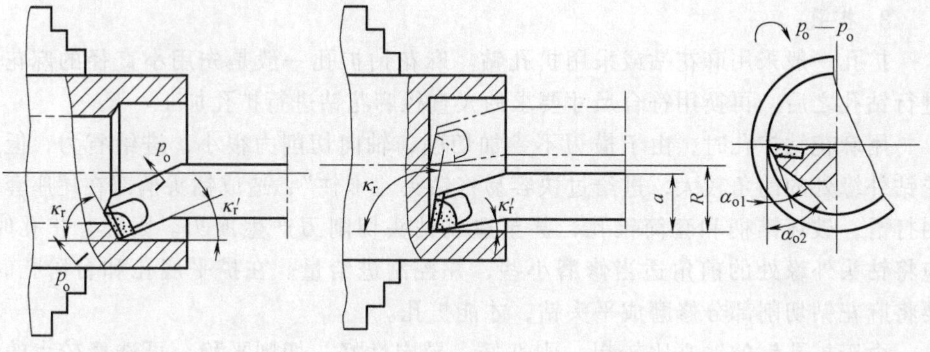

a) 通孔车刀　　b) 不通孔车刀　　c) 两个后角

图 3-20　内孔车刀

要采取以下三项措施：

1）尽量增加刀柄的截面积。一般的车孔刀有一个缺点，刀柄的截面积小于孔截面的1/4。

2）刀柄的伸出长度尽可能缩短。如刀柄伸出太长，则会降低刀柄刚度，容易引起振动。因此，刀柄伸出长度只要略大于孔深即可，为此，要求刀柄的伸出长度能根据孔深加以调整。

内孔车刀的刃磨

3）解决排屑问题，主要是控制切屑流出方向。精车通孔要求切屑流向待加工表面（前排屑），不通孔要求切屑从孔口排出（后排屑）。

5. 铰孔

（1）铰刀　铰刀的几何形状由锥形引导部分、锥形切削部分、圆柱形修光部分和倒锥部分组成。

1）引导部分。铰刀开始进入孔内时的导向圆锥部分，其导锥角一般为45°。

2）切削部分。担负主要的切削工作，能切下很薄的切屑，铰削时定心好。

铰孔

3）修光部分。修光部分带有棱边（后角 $\alpha_o=0°$）的圆柱形刀齿，它的作用是定向。

4）倒锥部分。可以减少铰刀和孔壁之间的摩擦，还可以防止产生喇叭形孔和孔径扩大，一般锥度为0.02~0.05。修光部分和倒锥部分称为铰刀的校准部分。

（2）柄部　柄部用来装夹和传递转矩，有圆柱形（机用直柄小直径铰刀）、锥柄形（机用大直径铰刀）和方榫形（手用铰刀）三种。插柄式铰刀如图3-21所示。

（3）铰刀的齿数和齿槽的形状　铰刀一般4~8齿。为了便于测量铰刀直径和切削时使切削力对称、铰出的孔有较高的圆度，一般都采用偶数齿。

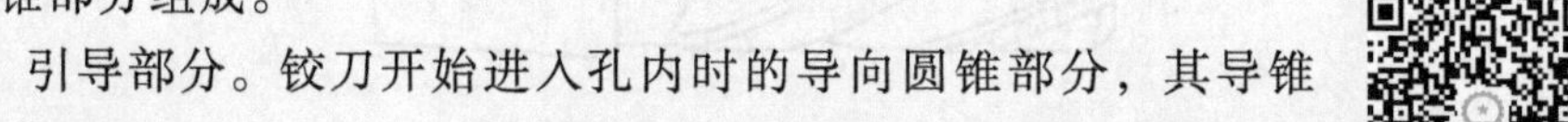

图 3-21　插柄式铰刀

（4）铰刀的几何角度

1）主偏角（κ_r）。也就是切削部分的圆锥斜角。

2）后角（α_o）。是为了减少铰刀与孔壁的摩擦，一般取 $6°\sim10°$。

3）前角（γ_o）。一般磨成 0°。

4）刃倾角（λ_s）。对于材料强度大、硬度高的通孔，为了使铰削过程平稳，使切屑能从前方排出，避免划伤已加工表面，可以在铰削部分做出正刃倾角，$\lambda_s=10°\sim30°$。

6. 孔的测量方法及常用量具

孔类工件的检测内容及量具结构与读数原理与外圆测量基本一致。

（1）内卡钳与外径千分尺配合　用内卡钳测量孔径的方法如图 3-22 所示。先用内卡钳获得内径大小，再用外径千分尺测量内卡钳所获得的内径尺寸值。

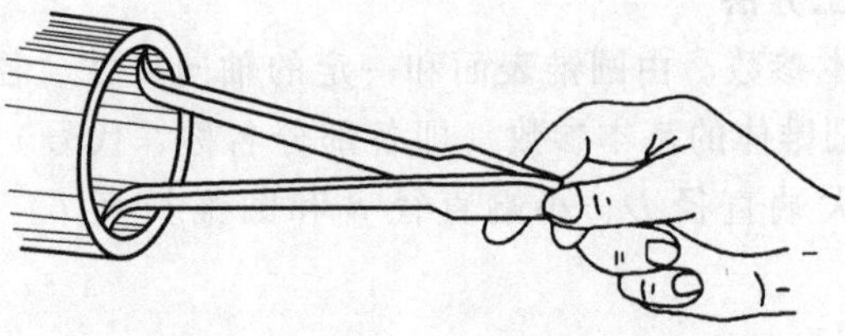

图 3-22　用内卡钳测量孔径的方法

（2）塞规　用塞规检测孔的方法如图 3-23 所示。

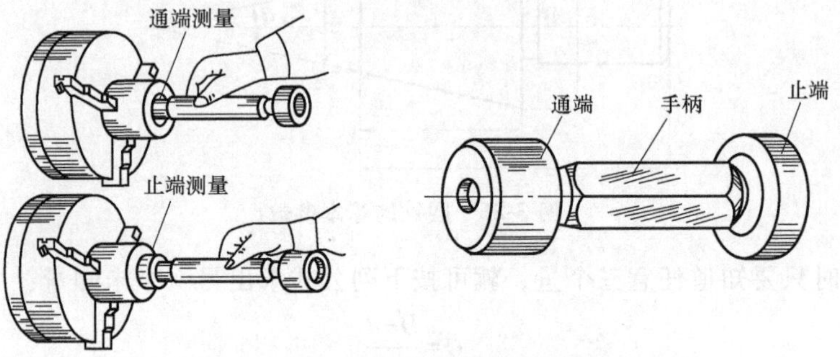

图 3-23　用塞规检测孔的方法

（3）内测千分尺　用内测千分尺测量孔径的方法如图 3-24 所示。

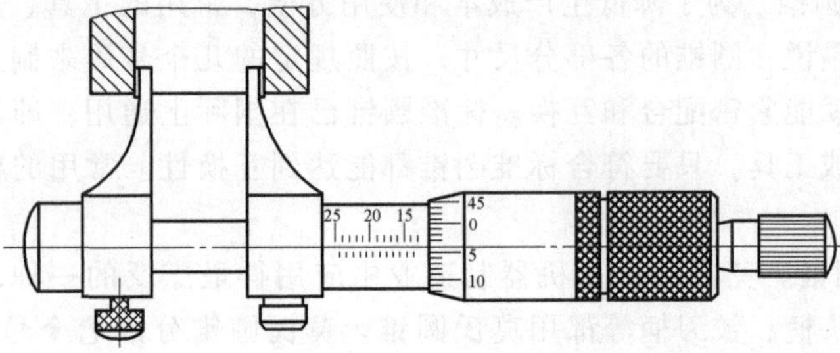

图 3-24　用内测千分尺测量孔径的方法

（4）内径千分尺　用内径千分尺测量孔径的方法如图 3-25 所示。

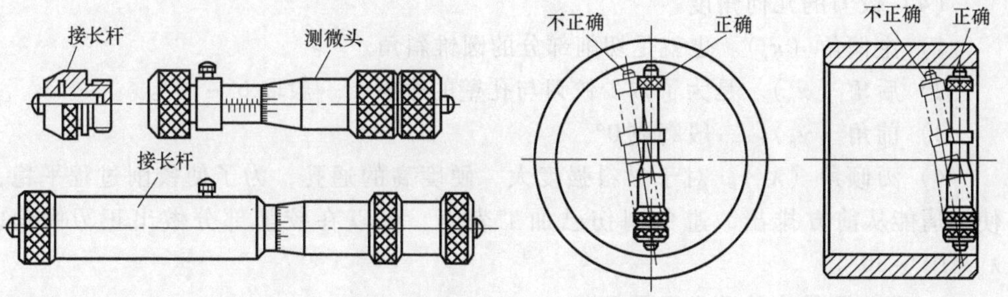

图 3-25 用内径千分尺测量孔径的方法

四、锥面加工

1. 锥面及其加工方法

(1) 圆锥的基本参数 由圆锥表面和一定的轴向尺寸、径向尺寸所限定的几何体，称为圆锥。圆锥体的基本参数（即各部分名称、代号）有四个，即圆锥半角 $\alpha/2$ 或锥度 C、大端直径 D、小端直径 d 和圆锥长度 L。圆锥的基本参数如图 3-26 所示。

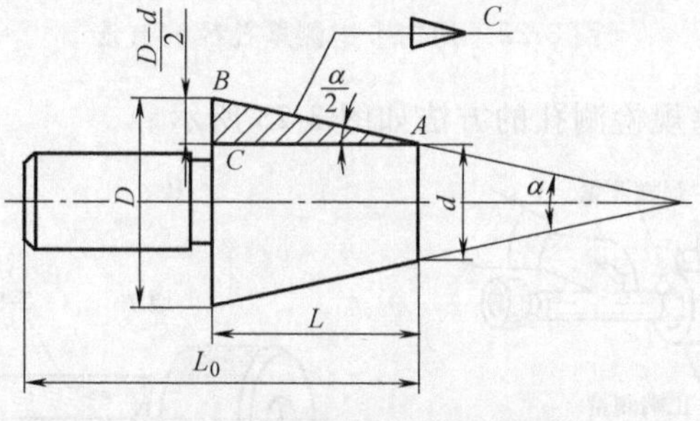

图 3-26 圆锥的基本参数

计算时只要知道任意三个量，就可按下列公式求出另一个未知量：

$$C=\frac{D-d}{L}$$

或

$$\tan\frac{\alpha}{2}=\frac{D-d}{2L}$$

(2) 标准圆锥 为了降低生产成本和使用方便，常用的工具、刀具圆锥都已标准化。也就是说，圆锥的各部分尺寸，按照规定的几个号码来制造，使用时只要号码相同，就能紧密配合和互换。标准圆锥已在国际上通用，即不论哪一个国家生产的机床或工具，只要符合标准圆锥都能达到互换性。常用的标准圆锥有下列两种。

1）莫氏圆锥。莫氏圆锥是机器制造业中应用得最广泛的一种，如车床主轴孔、顶尖、钻头柄、铰刀柄等都用莫氏圆锥。莫氏圆锥分成七个号码，即 0、1、2、3、4、5、6。莫氏圆锥是从寸制换算过来的。当号数不同时，圆锥半角也不同。莫氏圆锥的各部分尺寸可以从相关标准的表中查出。

2）米制圆锥。米制圆锥有八个号码，即 4、6、80、100、120、140、160 和

200号。它的号码是指大端的直径，锥度固定不变，即 $C=1:20$。例如100mm米制圆锥，它的大端直径是100mm，锥度 $C=1:20$。它的优点是锥度不变，记忆方便。

转动小滑板法车圆锥

（3）锥面的基本加工方法

1）转动小滑板。转动小滑板车锥体的特点是：

① 能车较大圆锥角的工件。

② 能车整体圆锥体和圆锥孔，并且操作简便。

③ 只能手动进给，工件的表面粗糙度不易控制。

④ 因受小滑板行程的限制，只能加工锥面不长的工件。

⑤ 适用于圆锥体较短，锥度较大和单件、小批量生产的工件。

2）尾座偏移。使用偏移尾座法车削圆锥时，尾座偏移量的大小直接影响工件锥度的准确程度，因此，对尾座的偏移量要按下式进行计算：

偏移尾座法车圆锥

$$S=\frac{D-d}{2L}L_0 \quad 或 \quad S=\frac{C}{2}L_0$$

式中　S——尾座偏移量（mm）；D——大端直径（mm）；d——小端直径（mm）；L——圆锥长度（mm）；L_0——工件全长（mm）；C——锥度。

偏移尾座法车圆锥具有以下特点：

① 适用于加工锥度较小、精度不高、锥体较长的工件（受尾度偏移量的限制）。

② 能够使用纵向机动进给，因此工件表面质量较好。

③ 不能车整体圆锥及圆锥孔。

④ 固定两顶尖间安装，顶尖在中心孔中是歪斜的，接触不良，所以顶尖和中心孔的磨损不均匀。

3）仿形法。仿形法又称靠模法，就是利用仿形（靠模）装置车圆锥体的过程中，车刀在做纵向移动的同时，还进行横向进给运动，使车刀的车削运动轨迹与被加工的圆锥面平行。

仿形法的加工特点：

① 调整锥度方便、准确，生产率高，适合批量生产。

② 能够机动进给，以保证工件的表面粗糙度要求。

③ 靠模装置调整角度的范围较小，一般适用于车削圆锥半角在12°以内的工件。

④ 应用此方法车削圆锥时，机床需配备靠模装置方能车削圆锥体。

4）宽刃刀车削法。在车削较短的圆锥面时，也可以用宽刃刀直接车出。宽刃刀的切削刃必须平直，切削刃与主轴轴线的夹角应等于工件圆锥半角 $\alpha/2$。使用宽刃刀车圆锥面，车床必须具有足够的刚度，否则容易引起振动。当工件的圆锥素线长度大于切削刃长度时，也可以用多次接刀方法，但接刀处必须平整。

2. 锥度测量方法介绍

1）被测锥面全部进入套规时，开始检测圆锥角，如图 3-27 所示。

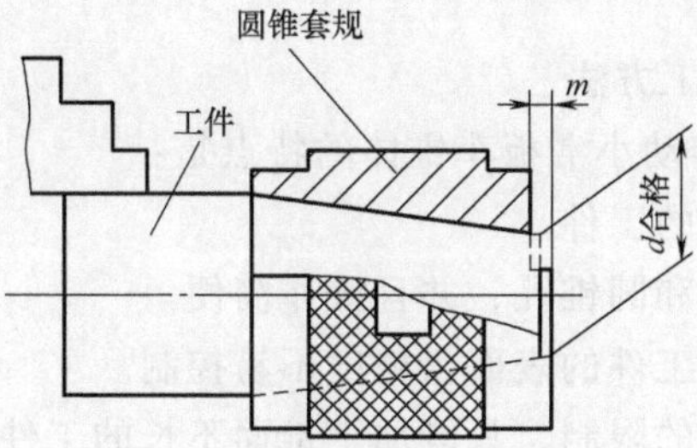

图 3-27　圆锥角的测量

2）手握住套规做上下摆动，根据间隙的端位确定调整方法。大端有间隙说明锥角小，小端有间隙则说明锥角大，如图 3-28 所示。

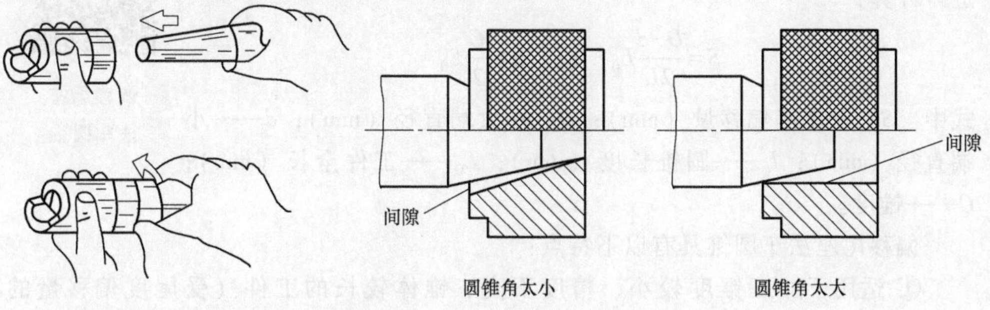

图 3-28　圆锥检测

3）用万能角度尺测量圆锥（0°~50°），如图 3-29 所示。

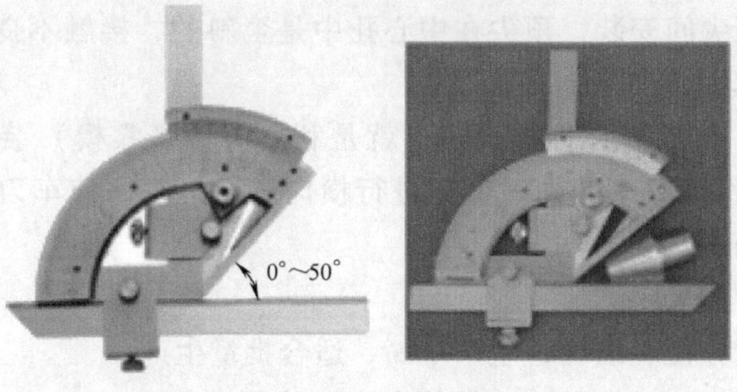

图 3-29　用万能角度尺测量圆锥

五、螺纹加工

车三角形螺纹

1. 螺纹的基本知识

（1）螺纹的基本概念　在圆柱或圆锥表面上，具有相同牙型、沿着螺旋线连续凸起的牙体称为螺纹。螺纹的要素是由螺纹的牙型、公称直径、螺距（或导程）、旋向、线数和精度等组成。螺纹的组成、尺寸和配合性能取决于螺纹要素，只有当内外螺纹的各要素相同时，才能配合。普通螺纹的基本参数如图 3-30 所示。

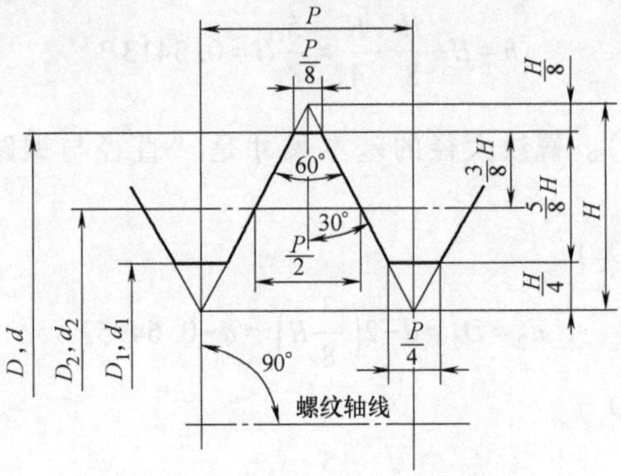

图 3-30 普通螺纹的基本参数

1）螺纹牙型。螺纹牙型是指通过螺纹轴线平面内的螺纹轮廓形状。

2）牙型角。牙型角 α 指在螺纹牙型上相邻两牙侧间的夹角。

3）螺距。螺距 P 是指相邻两牙体上的对应牙侧与中径线相交两点间的轴向距离。

4）导程。导程 P_h 是在同一条螺旋线上最相邻的一两同名牙侧与中径线相交两点间的轴向距离。当螺纹为单线螺纹时，导程与螺距相等（$P_h=P$）；当螺纹为多线螺纹时，导程等于螺旋线数 n 与螺距 P 的乘积，即 $P_h=nP$。

5）螺纹大径。螺纹大径（d、D）是指与外螺纹牙顶或内螺纹牙底相重合的假想圆柱或圆锥的直径。外螺纹大径用 d 表示，内螺纹大径用 D 表示。国家标准规定，螺纹大径的基本尺寸称为公称直径。

6）螺纹中径。螺纹中径（d_2、D_2）是中径圆柱或中径圆锥的直径，该圆柱（或圆锥）的母线通过圆柱（或圆锥）螺纹上牙厚和牙槽宽起宽度相等的地方。外螺纹中径用 d_2 表示，内螺纹中径用 D_2 表示。同规格的外螺纹中径和内螺纹的中径相等，即 $d_2=D_2$。

7）螺纹小径。螺纹小径（d_1、D_1）是与外螺纹牙底或内螺纹牙顶相切的假想圆柱或圆锥的直径。

8）原始三角形高度。原始三角形高度 H 是指原始三角形顶点沿垂直于螺纹轴线方向到其底边的距离。

9）牙型高度。牙型高度 h 是指在螺纹牙型上，牙顶到牙底之间垂直于螺纹轴线的距离。

10）螺纹升角。螺纹升角是指在中径圆柱或圆锥上螺旋线的切线与螺纹轴线的平面的夹角。

（2）直径尺寸的确定

1）原始三角形高度。原始三角形高度 H 为

$$H=\frac{P}{2}\cot\frac{\alpha}{2}=0.866P$$

2）削平高度。外螺纹牙顶和内螺纹牙底均在 $H/8$ 处削平，外螺纹牙底和内螺

纹牙顶均在 $H/4$ 处削平，故牙型高度 h 为

$$h=H-\frac{H}{8}-\frac{H}{4}=\frac{5}{8}H=0.5413P$$

3）大径（d、D）。螺纹大径的基本尺寸是“直径与螺距系列表”中的公称直径。

4）中径（d_2、D_2）。

$$d_2=D_2=d-2\left(\frac{3}{8}H\right)=d-0.6495P$$

5）小径（d_1、D_1）。

$$d_1=D_1=d-2\left(\frac{5}{8}H\right)=d-1.0825P$$

（3）螺纹的分类　螺纹的分类如图 3-31 所示。

- 螺纹
  - 紧固螺纹(三角形螺纹)
    - 普通螺纹
      - 粗牙普通螺纹
      - 细牙普通螺纹
    - 小螺纹(公称直径范围为0.3～1.4mm)
    - 寸制螺纹
    - 美制统一螺纹
  - 管螺纹(三角形螺纹)
    - 55° 非密封管螺纹
    - 55° 密封管螺纹
    - 60° 密封管螺纹
    - 米制锥螺纹
  - 传动螺纹
    - 梯形螺纹
    - 锯齿形螺纹
    - 矩形螺纹
    - 圆螺纹
  - 专门用途螺纹

图 3-31　螺纹的分类

2. 螺纹车刀的基本知识

（1）高速钢外螺纹车刀　高速钢外螺纹车刀刃磨方便，切削刃锋利，韧性好，车削时刀尖不易崩裂，车出的螺纹表面粗糙度值小，但其热稳定性差，不宜高速车削，常用在低速加工塑性材料的螺纹或作为螺纹的精车刀。高速钢普通外螺纹车刀如图 3-32 所示。

内外三角螺纹车刀的刃磨

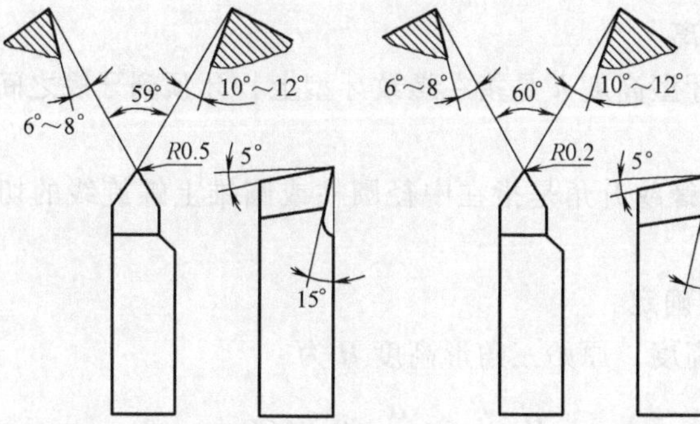

a) 粗车刀　　b) 精车刀

图 3-32　高速钢普通外螺纹车刀

(2) 硬质合金外螺纹车刀　硬质合金普通外螺纹车刀硬度高，耐磨性好，耐高温，热稳定性好，常用于高速切削脆性材料螺纹，其缺点是抗冲击能力差。硬质合金普通外螺纹车刀如图 3-33 所示。

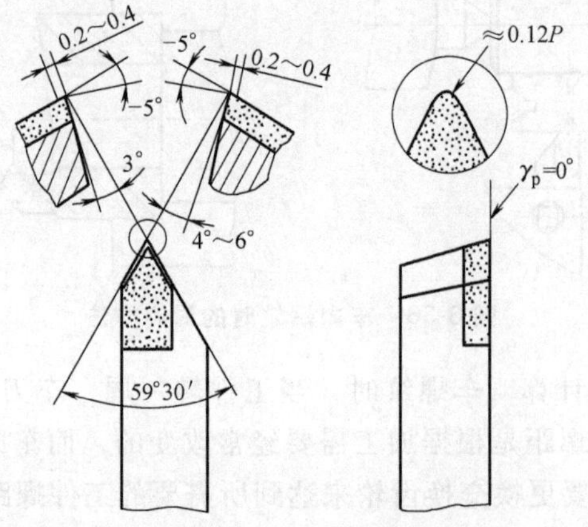

图 3-33　硬质合金普通外螺纹车刀

(3) 内螺纹车刀　高速钢和硬质合金普通内螺纹车刀如图 3-34、图 3-35 所示。

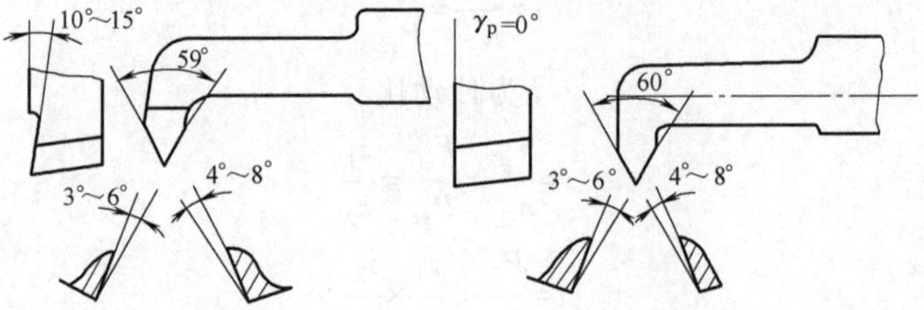

a) 粗车刀　　b) 精车刀

图 3-34　高速钢普通内螺纹车刀

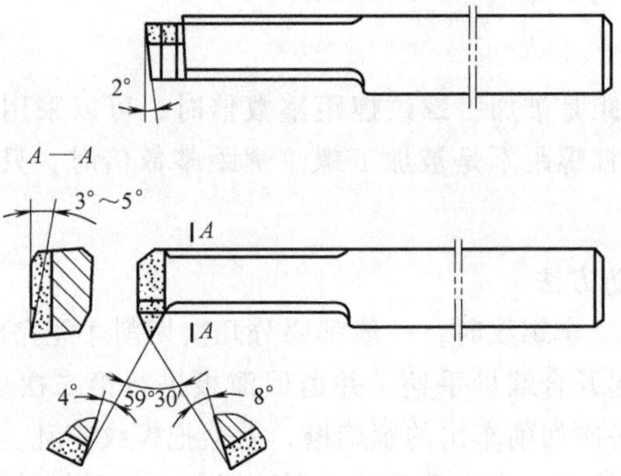

图 3-35　硬质合金普通内螺纹车刀

3. 螺纹的车削方法

(1) 螺纹车刀的装夹　螺纹车刀装夹是否正确，对车出的螺纹质量有很大影响。为了使螺纹牙型半角相等，可用样板对刀。如果把车刀装歪，就会产生牙型半角不相等的现象。车内螺纹时的对刀方法如图 3-36 所示。在装刀时还必须使车刀刀尖与主轴轴线等高。

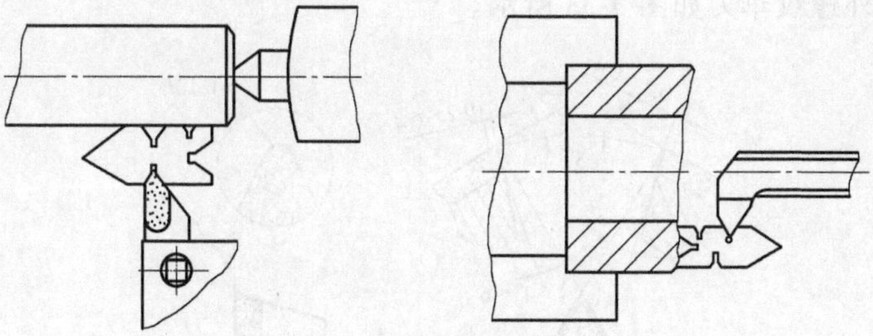

图 3-36 车内螺纹时的对刀方法

(2) 交换齿轮的计算 车螺纹时，当工件转一周，车刀必须移动一个工件螺距（$P_{工}$）。因为工件螺距是根据加工需要经常改变的，而车床丝杠螺距（$P_{丝}$）是固定不变的，这就需要更换交换齿轮来达到所需要的工件螺距。

车刀移动的距离等于丝杠的转速与丝杠螺距的乘积，也等于工件转数与工件螺距的乘积，即

$$n_{工} P_{工} = n_{丝} P_{丝}$$

令

$$i = \frac{n_{丝}}{n_{工}} = \frac{P_{工}}{P_{丝}}$$

则

i 为传动比

$$i = \frac{n_{丝}}{n_{工}} = \frac{P_{工}}{P_{丝}} = \frac{z_1}{z_2}$$

或

$$i = \frac{P_{工}}{P_{丝}} = \frac{z_1}{z_2} \times \frac{z_3}{z_4}$$

式中 $n_{工}$，$n_{丝}$——工件、丝杠的转数；$P_{工}$，$P_{丝}$——工件、丝杠的螺距；z_1，z_3——主动轮齿数；z_2、z_4——从动轮齿数。

注意事项

当机床丝杠螺距是被加工螺纹螺距整数倍时，可以采用开合螺母法和顺倒车法；如果机床丝杠螺距不是被加工螺纹螺距整数倍时，只能用顺倒车法，否则会乱牙。

(3) 乱牙和预防方法

1) 乱牙的定义。车螺纹时，一般都要分几次切削才能完成。当一次行程完毕后，退出车刀，提起开合螺母手柄，并退回溜板进行第二次切削。在第二次切削时，若刀尖偏离前一次切削车出的螺旋槽，就会把螺纹车乱，称为乱牙。

2) 乱牙产生的原因。产生乱牙的主要原因是：当丝杠转过一周时，工件未转过整数周。

车螺纹时，工件和丝杠都在旋转，车削过程中，如开合螺母脱开之后，至少要等丝杠转过一个整数周，开合螺母才能合上。当丝杠转过一周时，工件转过了整数周，车刀刀尖才能进入前一刀车出的螺旋槽内，就不会产生乱牙。如果丝杠

转一周，工件未转过整数周，就要产生乱牙。

3）预防乱牙的方法。目前常用的预防乱牙的方法是开倒顺车法。即在一次切削完毕后，退出车刀，不提起开合螺母手柄，而采取开倒车（把主轴反转）的方法，使车刀退回至原始位置，再开顺车车第二刀，这样多次往返，直至把螺纹车好。因为在车削螺纹的过程中，溜板与丝杠的传动没有脱开过，车刀始终在所确定的轨迹中往返移动，这样就不会产生乱牙。采用倒顺车法车螺纹时必须注意：主轴换向不能太快，否则车床各旋转部件受到反向冲击，容易损坏。另外，在卡盘连接盘上必须安装防松脱装置，以防卡盘在倒车时从主轴上松出跌落。

4. 螺纹的测量

螺纹螺距的测量方法包括综合测量法和单项测量法。

（1）综合测量法　综合测量法是用螺纹量规对螺纹各主要参数进行综合性测量。螺纹量规包括螺纹环规和螺纹塞规。它们都分通规和止规，测量时通规能全部旋入，止规不能旋入，则说明该螺纹符合要求。如果通规难以旋入，应对螺纹的各直径尺寸、牙型角、牙型和螺距等进行检查，经修正后再用量规测量。

（2）单项测量法　单项测量法是用有关量具对螺纹的某一项参数进行测量。

1）测量螺纹大径。由于螺纹的大径公差较大，通常选用游标卡尺测量。

2）测量螺距。螺距（或导程）是测量螺纹时的重要参数，它的准确与否直接影响螺纹的加工质量和螺纹副的配合精度，测量时常选用螺纹样板、金属直尺和游标卡尺，如图 3-37 所示。

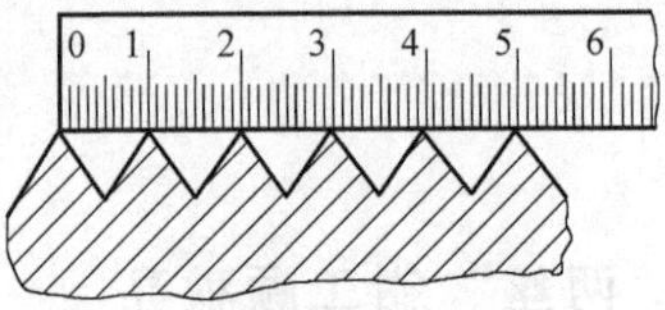

a) 用金属直尺测量

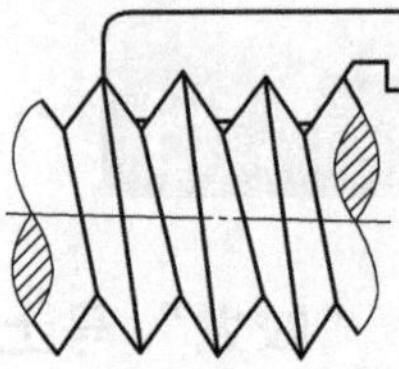
b) 用螺纹样板测量

图 3-37　车削螺纹前螺距（或导程）的测量

3）检测牙型检测牙型时，不但检测螺纹的牙型角，还需检测螺纹的牙型是否歪斜。常用样板检测螺纹的牙型角或用游标万能量角器检测螺纹的牙型半角。

4）测量螺纹中径。螺纹的中径是影响螺纹配合精度的重要参数，测量中径常用以下几种方法：

① 螺纹千分尺测量。常用于测量外三角形螺纹。螺纹千分尺的刻线原理和读数方法与外径千分尺相同，所不同的是螺纹千分尺附有两套（55°和 60°）适用于测量不同螺距和牙型角的测量头。测量时根据螺纹的螺距、牙型角调换测量头，使螺纹千分尺上下两个测量头卡在螺纹的牙侧上进行测量。但需注意调换测量头后，必须调整螺纹千分尺的砧座位置，使螺纹千分尺对零位。

② 三针法测量。这是一种测量中径比较精密的测量方法，用于测量精度要求较高、螺纹升角小于 4°的三角形螺纹、梯形螺纹和蜗杆的中径测量（最常用于测量梯形螺纹、蜗杆）。测量时选用三个直径相同的圆柱量针，分别放入螺纹上、下两侧相对应的螺旋槽中，如图 3-38 所示，使用公法线千分尺测量出两测量针之间

的距离，是否符合计算出的三针测量值

$$M=d_2+4.864d_D-1.866P$$

式中 M——两针测量距（mm）；

d_2——螺纹中径（mm）；

d_D——量针直径（mm）；

P——螺距（mm）。

测量米制梯形螺纹时，选用的量针直径要符合 $d_D=P/[2\cos(\alpha/2)]$，$d_D=(0.656\sim0.486)P$ 的范围内选用。当 $\alpha=30°$时，最佳量针直径为 $d_D=0.518P$；当 $\alpha=60°$时，最佳量针直径为 $d_D=0.577P$。

③ 单针法测量。这种测量法比三针测量法简单，但它与螺纹的实际大径尺寸有关，常用于测量梯形螺纹、蜗杆。测量时，将一根量针放入螺纹的螺旋槽中，以另一侧螺纹的大径为基准，使用千分尺测量出外螺纹大径到量针顶点之间的距离，看该距离是否符合单针计算值及其公差。

牙型测量一般采用牙型角样板，其方法是使用牙型样板与螺纹相贴合，检验螺纹牙型是否合格，如图 3-39 所示。

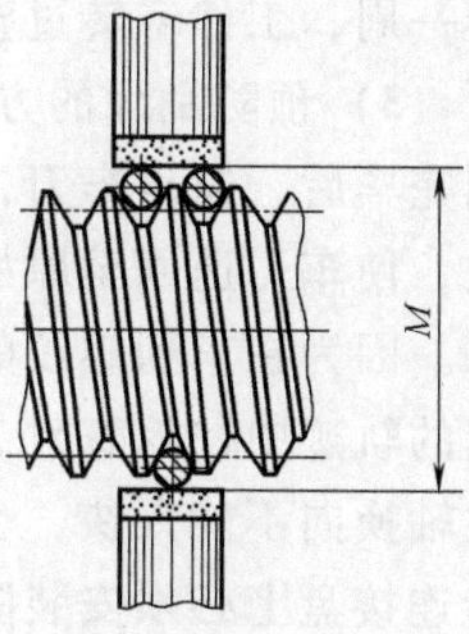

图 3-38 三针法测量螺纹中径

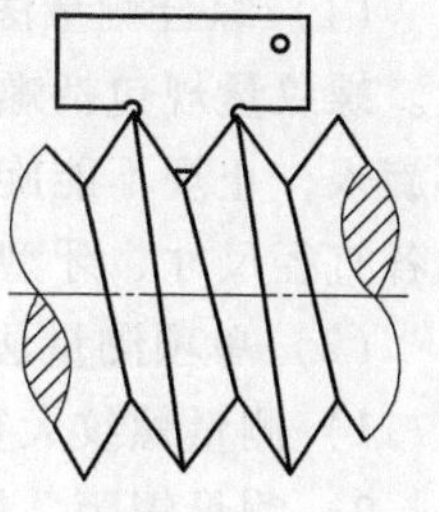

图 3-39 牙型角样板检验

【职业素养提升】

“蛟龙”号上的“两丝”钳工顾秋亮

顾秋亮，男，江苏无锡人，生于 1955 年，中国船舶重工集团公司第 702 研究所（以下简称 702 所）水下工程研究开发部职工，“蛟龙”号载人潜水器首席装配钳工技师。

顾秋亮同志从 1972 年起就在中国船舶重工集团公司第 702 研究所工作，在钳工安装及科研试验工作方面已经工作了 40 多年，先后参加和主持过数十项机械加工和大型工程项目的安装调试工作，是一名安装经验丰富、技术水平过硬的钳工技师。

顾秋亮同志对工作兢兢业业，刻苦钻研，不断提高技术水平和能力，有较强的创新和解决技术难题的技能，出色完成了各项高科技高难度高水平的工程安装调试任务。

顾秋亮同志为我国大型试验基地各大型实验室重大试验设施的建设、调试和维护正常运行等提出了行之有效的解决方案。比如在 400 米长的亚洲第一拖曳水池轨道的高精度安装调试、大型低噪声循环水槽的建设等工作中，解决了大型模型安装、测试仪器调整等关键技术，为 702 所有关实验室的正常运行做出了积极的贡献。

2004年，为了确保“蛟龙”号载人潜水器的顺利安装，702所抽调技术过硬的技术骨干参加该项目的总装工作，顾秋亮为其中之一。该项目是当前世界潜深最深的载人潜水器，其12大分系统工程复杂，研制难度相当大。在潜水器总装及调试过程中，顾秋亮同志作为潜水器装配保障组组长，工作认真负责，吃苦耐劳，带领全组成员积极配合设计人员，对每个细节进行精细操作，任劳任怨，以严肃的科学态度和踏实的工作作风，凭借扎实的技术技能和实践经验，主动勇挑重担，解决了一个又一个难题，保证了潜水器顺利按时完成总装联调，获得设计人员和同事的一致好评。

顾秋亮说：“在海上工作生活确实很苦很累，但我感到很兴奋、很自豪。不管是晚上加班到半夜还是早上五点半起床保养潜器，不管日晒还是雨淋，我感到很光荣，能为海试出一份力，我很骄傲，因为在祖国的深潜纪录中有我的汗水，光荣!”

怀揣崇高的使命感和荣誉感，他又肩负起了新的挑战——组装4500米载人潜水器。已近花甲的顾秋亮仍坚守在科研生产第一线，为载人深潜事业不断书写我国深蓝乃至世界深蓝的奇迹默默奉献。

【考核评价】

<table>
<tr><td colspan="3">任务名称</td><td></td><td colspan="2">完成日期</td><td colspan="2"></td></tr>
<tr><td colspan="3">姓　名</td><td></td><td colspan="2">组　号</td><td colspan="2"></td></tr>
<tr><td rowspan="8">过程考核</td><td colspan="2">考核项目</td><td>考核内容及配分</td><td>自我评价（10%）</td><td>班组评价（30%）</td><td>教师评价（60%）</td><td>得分</td></tr>
<tr><td rowspan="4">职业素养</td><td>纪律</td><td>认真学习，不迟到早退，服从安排（10分）</td><td></td><td></td><td></td><td rowspan="4"></td></tr>
<tr><td>安全文明生产</td><td>安全着装，按要求操作机床（10分）</td><td></td><td></td><td></td></tr>
<tr><td>职业规范</td><td>爱护设备、量具，实训中工具、量具、刀具摆放整齐，按规定给机床加油、清洁（10分）</td><td></td><td></td><td></td></tr>
<tr><td>现场要求</td><td>不玩手机，不大声喧哗，不打闹，课后清扫地面、设备，清理现场（10分）</td><td></td><td></td><td></td></tr>
<tr><td>知识、技能</td><td>任务掌握</td><td>对任务的知识、技能掌握程度（60分）</td><td></td><td></td><td></td><td></td></tr>
<tr><td colspan="2">人伤械损事故</td><td>若出现人伤械损事故，整个任务成绩记0分</td><td></td><td></td><td></td><td></td></tr>
<tr><td colspan="3">总　分</td><td></td><td></td><td></td><td></td></tr>
<tr><td colspan="3">备注
（现场未尽事项记录）</td><td colspan="5"></td></tr>
<tr><td colspan="3">教师签字</td><td colspan="2"></td><td>学生签字</td><td colspan="2"></td></tr>
</table>

【思考练习】

一、填空题

1. 粗车刀的主偏角选得太小，切削时容易产生________。

2. 装夹车刀时，车刀在刀架上伸出量一般不应超过________的 1.5 倍。

3. 一般精车刀修光刃的长度为进给量的________倍。

4. 在卡盘上悬臂装夹轴类零件，如伸出量过长，车出的外圆会产生________误差。

5. 装夹车刀时，车刀刀杆在刀架上伸出量过长，切削时容易产生________。

6. 车外圆时，如果毛坯外圆余量不均，车一刀后，外圆的________产生误差。

7. 精度要求一般的轴类零件，可选用________型中心孔。

8. 车毛坯件时，第一刀的背吃刀量应当选________些。

9. 两顶尖装夹轴类零件的主要缺点是________。

10. 当背吃刀量和进给量都取较大值时，切削速度应适当________。

11. 横滑板刻度盘控制的背吃刀量是外圆余量的________。

12. 断屑槽的形状有________型和________型。

13. 断屑槽的尺寸主要取决于________和________。

14. 车外圆装夹车刀时，刀尖高于工件的轴线，这时车刀工作前角________，工作后角________。

15. 车外圆装夹车刀时，车刀刀杆的中心线与进给方向不垂直，这时车刀的________角和________角数值会改变。

16. 粗车时，进给量受________因素限制，精车时受________因素限制。

17. 用两顶尖装夹工件的特点是：适于装夹________的工件。

18. 用一夹一顶装夹工件的优点是：装夹________好，轴向定位________，车轴类零件常用此法。

19. 固定顶尖的优点是：________好，________准确。

20. 要求表面粗糙度值小的工件，用硬质合金车刀车削时，切削速度应取________，用高速钢车刀车削时，切削速度应取________。

21. 刀尖处磨过渡刃的主要目的是为了增加________和改善________条件。

二、判断题

1. 主偏角为 75°的车刀与主偏角为 45°、90°的车刀相比较，75°车刀的散热性能最好。(　)

2. 精车刀的前角和后角不能取得太小。(　)

3. 粗车刀的主偏角越小越好。(　)

4. 精车刀修光刃长度应尽量长些。(　)

5. 黄铜硬度低，车削黄铜零件时，车刀的前角应当选大些。(　)

6. 车铜件时应选择较高的切削速度。(　)

7. 如果背吃刀量和进给量选得都比较大，选择切削速度时要适当地降低些。

(   )

8. 车外圆时，如果毛坯在直径方向上余量不均，车一刀后测量外圆时会出现圆柱度超差。(   )

9. 钻中心孔时不宜选择较高的机床转速。(   )

10. 精车铸铁材料时，应在车刀的前面磨断屑槽。(   )

11. 用两顶尖装夹车光滑轴，经测量尾座端直径尺寸比主轴端大，这时应将尾座向操作者方向调整一定的距离。(   )

12. 车外圆时，圆柱度精度达不到要求的原因之一是由于车刀材料耐磨性差。(   )

13. 精车时切削速度不应选得过高和过低。(   )

14. 中心孔钻得过深，会使中心孔磨损加快。(   )

15. 75°车刀比 90°偏刀的散热性能差。(   )

16. 用两顶尖装夹圆柱度精度要求较高的轴类零件，如果前顶尖跳动，车出的工件装夹会产生圆柱度误差。(   )

17. 中国船舶集团公司，蛟龙号载人潜水器首席装配钳工技师是顾秋亮。(   )

三、选择题

1. 后面与（   ）之间的夹角称为后角。

A. 基面　B. 切削平面　C. 前面　D. 正交平面

2. 车刀的角度中影响切削力最大的因素是车刀的（   ）。

A. 前角　B. 主偏角　C. 刃倾角　D. 副偏角

3. 车刀的主偏角为（   ）时，它的刀头强度和散热性能最好。

A. 45°　B. 75°　C. 80°　D. 90°

4. 精车刀修光刃的长度应（   ）进给量。

A. 大于　B. 等于　C. 小于　D. 减去

5. 切削时，切屑流向工件的待加工表面，此时刀尖强度较（   ）。

A. 好　B. 差　C. 一般　D. 极好

6. 粗加工时的后角与精加工时的后角相比，应（   ）。

A. 较大　B. 较小　C. 相等　D. 都可以

7. 刃磨硬质合金车刀应采用（   ）砂轮。

A. 刚玉系　B. 碳化硅系　C. 人造金刚石　D. 立方氮化硼

8. 磨高速钢车刀应用（   ）砂轮。

A. 刚玉系　B. 碳化硅系　C. 人造金刚石　D. 立方碳化硼

9. 切断时，防止产生振动的措施是（   ）。

A. 增大前角　B. 减小前角　C. 减小进给量　D. 提高切削速度

10. 切断刀由于受刀头强度的限制，副后角应磨成（   ）。

A. 较大　B. 一般　C. 较小　D. 负值

11. 端面槽刀受轮廓影响，在刃磨时，两副后面磨成（   ）。

A. 平面　B. 斜面　C. 凸面　D. 一凹一凸圆弧面

12. 切断时，（　　）措施能够防止产生振动。

A. 减小前角　　B. 增大前角

C. 提高切削速度　　D. 减小进给量

13. 如果机床丝杠螺距不是被加工螺纹螺距整数倍时，应采用（　　）。

A. 开合螺母法　B. 倒顺车法　C. 直进法　D. 斜进法

14. 常用于低速加工塑性材料的螺纹或作为螺纹精车刀是（　　）。

A. 高速钢螺纹车刀　　B. 硬质合金螺纹车刀

C. 焊接式螺纹车刀　　D. 可转位螺纹车刀

15. 常用于高速切削脆性材料螺纹是（　　）。

A. 高速钢螺纹车刀　　B. 硬质合金螺纹车刀

C. 焊接式螺纹车刀　　D. 可转位螺纹车刀

16. 钻头的主要部分，由切削部分和导向部分组成，起切削和导向作用。为了节约高速钢，较大直径麻花钻的柄部材料为（　　）。

A. 碳素结构钢　B. 高速钢　C. 工具钢　D. 低碳钢

17. 荣获“最美职工”亲手组装中国首个自主设计制造的 4500 米载人潜水器“蛟龙号”的第 702 研究所工人是（　　）。

A. 顾秋亮　B. 刘鼎　C. 吴运铎　D. 钱三强

四、简答题

1. 粗车刀的前角、后角为什么要比精车刀选得小些？

2. 外圆粗车刀与精车刀的形状和几何角度有哪些区别？

3. 车外圆时车刀刀尖和工件轴线不等高，对车刀的哪些角度有影响？受影响的角度有何变化？

4. 外圆车刀刀杆中心线与进给方向不垂直，车刀的哪些角度发生变化？

5. 中心孔有几种类型？各适用于什么类型的工件？

单元四

普通车床综合加工实例

【学习导航】

<table>
<tr><td>学习目标</td><td colspan="2">以综合零件加工为主线，分工序学会各工步的加工内容和方法。从车外圆、车孔、车锥面到车螺纹，从简单到复杂，学会并掌握车削工件各步骤的多种方法</td></tr>
<tr><td>重点难点</td><td colspan="2">重点：车削外圆及台阶、内孔、锥度、螺纹及复杂零件
难点：车削时易产生的问题</td></tr>
<tr><td rowspan="3">教学目标</td><td>素养目标</td><td>1. 培养学生分析问题解决问题的能力
2. 培养学生勤实践多动手爱动脑的好习惯
3. 培养学生的团队协作能力，能团结互助完成教学任务</td></tr>
<tr><td>知识目标</td><td>1. 熟悉零件车削的基本工艺知识
2. 理解综合零件车削时易产生的问题和注意事项
3. 能选择合适的切削用量</td></tr>
<tr><td>能力目标</td><td>1. 会合理选择刀具
2. 能熟练地进行刀具和工件的安装
3. 能熟练车削外圆及台阶、内孔、锥度、螺纹及复杂工件</td></tr>
</table>

【任务描述】

根据图样要求，选取合适的工艺装备与切削用量对轴类零件进行加工，加工出尺寸、形状、精度合格的零件，并掌握轴类零件加工方法及检测分析。毛坯尺寸为 ϕ50mm×78mm。

【任务分组】

学生任务分配表

<table>
<tr><td>班级</td><td></td><td>组别</td><td></td><td>组长</td><td></td></tr>
<tr><td>姓名</td><td></td><td>学号</td><td></td><td>指导教师</td><td></td></tr>
<tr><td colspan="2">组　　员</td><td colspan="4" rowspan="2">任务分工</td></tr>
<tr><td>学号</td><td>姓名</td></tr>
<tr><td></td><td></td><td colspan="4"></td></tr>
<tr><td></td><td></td><td colspan="4"></td></tr>
<tr><td></td><td></td><td colspan="4"></td></tr>
<tr><td></td><td></td><td colspan="4"></td></tr>
<tr><td></td><td></td><td colspan="4"></td></tr>
<tr><td></td><td></td><td colspan="4"></td></tr>
<tr><td></td><td></td><td colspan="4"></td></tr>
<tr><td colspan="6">未尽事项说明</td></tr>
<tr><td colspan="6"></td></tr>
</table>

【任务引导】

任务名称:普通车床综合加工实例						设备编号	
班级		姓名		组别		日期	

一、明确任务目的

1. 完成图 4-1 所示的输出轴的各项工序加工任务(选择刀具、工件装夹),毛坯尺寸为 ϕ50mm×78mm。

2. 使用普通车床对轴类零件进行加工,掌握轴类零件的加工方法及检测分析。

3. 熟悉轴类零件加工的基础知识。

4. 掌握轴类零件车削的方法,包含外圆、台阶、槽、切断等的车削方法。

5. 熟悉孔套类零件加工的基础知识。

6. 掌握孔套类零件车削的方法,能熟练使用尾座和附件进行钻孔、扩孔、车孔。

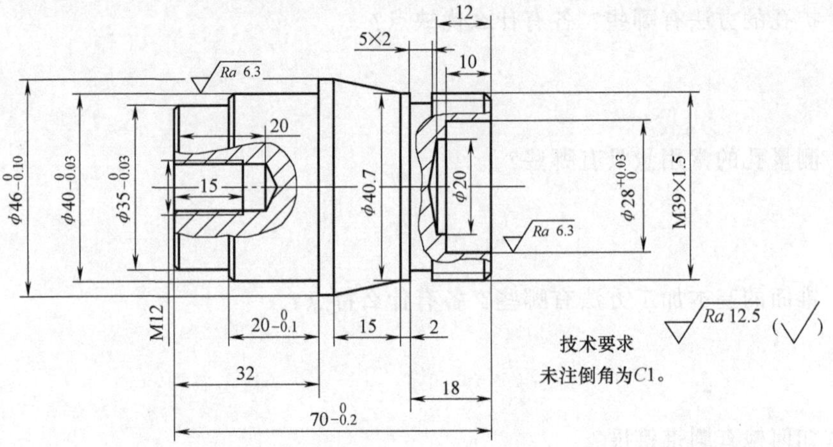

图 4-1 输出轴

7. 熟悉锥面加工的基础知识。

8. 掌握锥面的加工方法。能根据工件具体情况选用合适的锥面车削方法。

9. 熟悉螺纹加工的基础知识。

10. 掌握内外螺纹的车削方法和测量方法。

11. 遵守 7S 现场管理的相关规定。

二、引导问题

1. 使用右偏刀车削外圆有哪些方法和步骤?

2. 轴类零件加工的基本原则是什么？

3. 为什么说圆柱孔的加工要比车削外圆困难得多？

4. 车孔的关键技术是什么？

5. 车通孔和车不通孔有什么不同？各选用什么样的刀具？

6. 扩孔的方法有哪些？各有什么优缺点？

7. 测量孔的常用量具有哪些？

8. 锥面的基本加工方法有哪些？各有什么特点？

9. 如何检查圆锥锥度？

10. 什么是螺纹？螺纹的种类有哪些？

11. 螺纹的测量方法有哪些？

12. 钱三强为我国做出了哪些贡献？

【相关知识】

一、工艺性分析

（1）工件的装夹　采用自定心卡盘定位装夹。

（2）刀具的选择和切削方式的确定　加工外圆端面时采用90°外圆车刀，刀尖圆弧半径为$R0.8$mm。加工倒角时采用45°车刀。槽加工采用5mm宽切槽刀，刀尖圆弧半径为$R0.2$mm。螺纹刀为60°米制螺纹车刀，刀尖圆弧半径为$R0.3$mm。

（3）切削用量的选择（见表4-1）

表4-1　切削用量的选择

	主轴转速 n/(r/min)	进给量 f/(mm/r)	背吃刀量 a_p/mm
粗车	200~600	0.2	1~3
精车	500~800	0.1	0.2

二、加工误差分析

1. 外表面加工误差分析

车床在加工过程中会遇到各种各样的加工问题，表4-2对外表面加工中的常见问题、产生原因及预防和消除方法进行了分析。

表4-2　外表面加工中的常见问题、产生原因及预防和消除方法

常见问题	产生原因	预防和消除方法
工件尺寸超差	1. 对刀不准确 2. 切削用量不合理产生让刀	1. 调整或重新对刀 2. 合理选择切削用量
表面粗糙度太差	1. 切削速度太低 2. 刀具中心高度误差大 3. 切屑状态控制不佳 4. 刀尖产生切屑瘤	1. 调高主轴转速 2. 调整刀具中心高度，调整走刀路线优化切削参数 3. 修改切削参数，使用切削液
出现扎刀	1. 进给量过大 2. 工件装夹不合理 3. 刀具角度不合理	1. 减小进给量 2. 检查工件装夹，提高装夹刚性 3. 正确选择刀具或修磨刀具
圆度超差或产生锥度	1. 车床主轴间隙过大 2. 工件安装不合理	1. 调整车床主轴间隙 2. 检查工件装夹，提高装夹刚性
端面中心处有凸台	1. 刀具中心过高 2. 刀具损坏	1. 调整刀具中心高度 2. 更换刀片
端面不平整	1. 车床主轴间隙过大 2. 刀具角度不合理	1. 调整车床主轴间隙 2. 选择合适的刀具

2. 槽加工误差分析

槽加工时经常遇到的加工误差有多种，其常见问题、产生原因及预防和消除方法见表4-3。

表 4-3 槽加工中的常见问题、产生原因及预防和消除方法

常见问题	产生原因	预防和消除方法
槽底出现倾斜	主切削刃和进给方向不垂直	正确安装刀具或修磨刀具
槽的侧面呈现凹凸面	刀具角度不对称	1. 正确安装刀具 2. 重新刃磨刀具
槽的两侧面倾斜	刀具磨损	重新刃磨刀具或更换刀片
槽底有振纹	1. 工件装夹不正确 2. 刀具安装不正确	1. 检查工件安装，提高安装刚性 2. 调整刀具安装位置
切槽过程中出现扎刀、断刀	1. 进给量过大 2. 切屑阻塞	1. 降低进给量 2. 采用断、退屑方式切入
切槽过程中出现较强振动，产生谐振，停机检查	1. 工件装夹不正确 2. 刀具安装不正确 3. 进给速度过低	1. 检查工件安装，提高安装刚性 2. 调整刀具安装位置 3. 提高进给速度

3. 螺纹加工误差分析

螺纹加工一直是初学者的难点，要加工出合格的螺纹需要解决许多问题。螺纹加工中的常见问题、产生原因及预防和消除方法见表 4-4。

表 4-4 螺纹加工中的常见问题、产生原因及预防和消除方法

常见问题	产生原因	预防和消除方法
切削过程中出现振动	1. 工件装夹不正确 2. 切削参数不正确	1. 检查工件安装，提高安装刚性 2. 提高或降低切削速度
螺纹牙顶呈刀口状	1. 刀具角度选择错误 2. 螺纹外径尺寸过大 3. 螺纹切削过深	1. 选择正确的刀具 2. 检查并选择合适的工件外径尺寸 3. 减小背吃刀量
螺纹牙型过平	1. 刀具中心有误 2. 螺纹切削深度不够 3. 刀具牙型角度过小 4. 螺纹外径尺寸过小	1. 选择合适的刀具并调整刀具中心的高度 2. 计算并增加背吃刀量 3. 适当增大刀具牙型角 4. 检查并选择合适的工件外径尺寸
螺纹牙型底部过宽	1. 刀具选择错误 2. 刀具磨损严重 3. 螺纹有乱牙现象	1. 选择正确的刀具 2. 重新刃磨或更换刀片 3. 检查程序中有无导致乱牙的原因，检查主轴是否松动、损坏，检查丝杠是否有窜动现象
螺纹牙型半角不正确	刀具安装角度不正确	调整刀具安装角度
螺纹表面质量差	1. 刀具角度不合理 2. 刀具中心过高 3. 切屑控制较差 4. 刀尖产生积屑瘤	1. 修磨角度或更换刀片 2. 调整刀具中心高度 3. 选择合理的进刀方式及背吃刀量 4. 使用切削液
螺距误差	丝杠配合系统滞后效应	增加螺纹切削升、降速段的长度

【任务实施】

1. 工序1：车外圆、端面训练一

（1）任务描述　车外圆、端面训练。按照图4-2所示的要求，完成工件单端外圆和端面加工。

（2）任务分析　本道工序使用YT15型90°车刀来加工外圆和端面，使用YT15型45°车刀加工倒角。使用250mm自定心卡盘装夹工件，使用0~125mm游标卡尺测量工件。加工外圆、端面时主轴转速为200~400r/min，进给量为0.1~0.2mm/r，背吃刀量为1mm，走刀2次。加工倒角时主轴转速为200~400r/min，手动进给，背吃刀量为1mm，走刀1次。

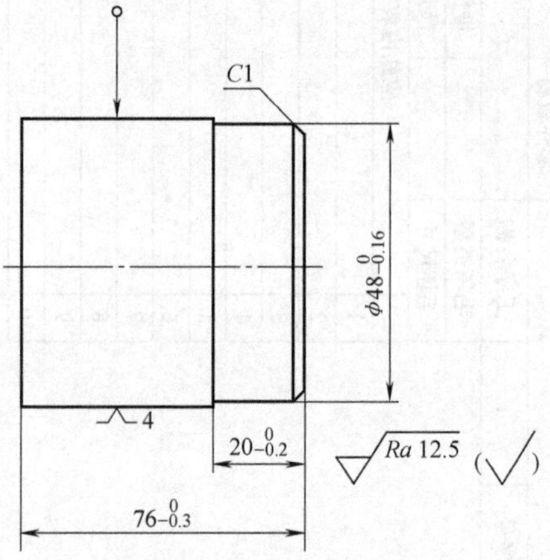

图4-2　工序1

（3）任务实施

第1步——装夹：使用自定心卡盘夹持工件，工件伸出30~40mm。

第2步——车端面：刀尖与端面对刀，横向退出，纵向进给1mm左右，横向进给直至车削到工件中心，然后纵向退刀，再横向退刀，停车，车削端面结束。

第3步——车外圆：外圆车削时分划线、试切和试测量、加工3个阶段。为了保证车削工件的长度尺寸，通常在车削前根据图样要求，用床鞍刻度线控制长度，用刀尖在工件表面车一条线痕，然后进行车削，停车后用游标卡尺测量长度是否符合样纸要求。根据需求在第二刀进行调整，最后使长度加工到图样要求。车削外圆时一般用到试切削和试测量。根据工件直径切削余量的一半（图示切削余量2mm，可纵向车削1mm）横向进刀，纵向车削1~3mm左右时，横向不动纵向快速退出，停车测量，如符合尺寸要求再继续加工，否则，按上述方法调整试切并测量直到尺寸符合图样要求为止。试切削测量时，如尺寸符合图样要求，可选择手动或机动纵向进给，当车削到所需部位时，先退中滑板再退床鞍使车刀远离工件，停车检验尺寸。

第4步——车倒角：端面、外圆车削到尺寸后，用45°车刀或使外圆车刀刀尖与工件成45°，移动床鞍、中滑板使车刀移动到工件外圆各端面处进行倒角。按照要求，*C*1（1×45°）是指在外圆的轴向长度车出1mm长的45°的斜角。

本工序的工序卡片如图4-3所示。

____学院	车工一体化教学工艺卡片								车间	机加	共9张
									零件取材		
	产品代号	CGDXJ-A	件号	01	名称	输出轴	工序号	1	工序名称		第 张
									毛坯类型		每件坯数
									毛坯尺寸		切削液

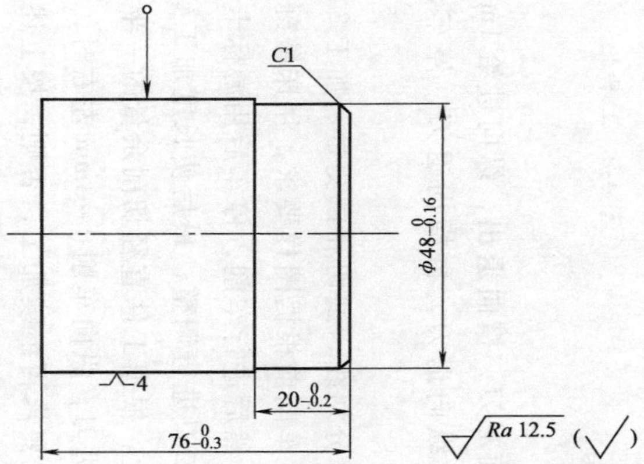

应知内容提示	
1	
2	
3	
4	
5	
6	
7	
8	
9	
10	

工步号	工步内容	主轴转速 r/min	进给量 mm/r	背吃刀量 mm	走刀次数 次	工艺装备 刀具 名称	刀具 规格	夹具 名称	夹具 规格	量具 名称	量具 规格	设备 名称	设备 型号
1													
2													
3													
4													
5													
6													

更改	标记	处数	文件号	签字	日期	标记	处数	文件号	签字	日期	签字	编制		标验	
												校准		会签	
												审核		批准	

图 4-3 工序卡片一

2. 工序 2：车外圆、端面训练二

（1）任务描述　车外圆、端面训练，按照图 4-4 所示的要求，完成工件另一端外圆和端面加工。

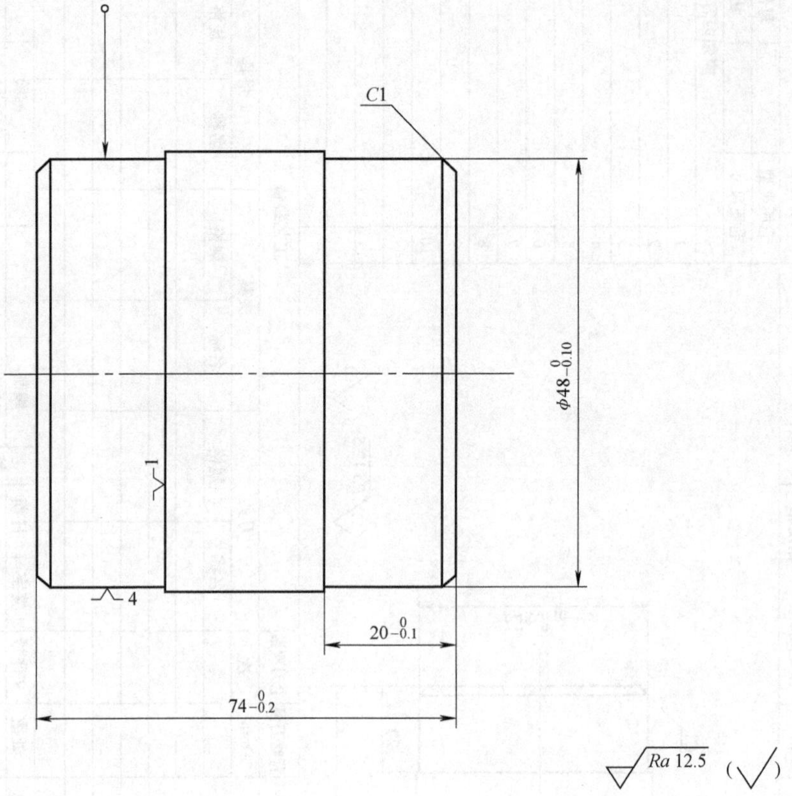

图 4-4　工序 2

（2）任务分析　本道工序与工序 1 相同，只是换了另一端进行加工，按照要求保证尺寸即可。

（3）任务实施

第 1 步——装夹：调头夹持 ϕ48mm 外圆，顶住长为 20mm 的台阶部位装夹。

第 2 步——车端面：与工序 1 中车端面方法相同，保证工件总长 74mm 及其公差符合图样要求即可。

第 3 步——车外圆：与工序 1 中车外圆方法相同，ϕ48mm、长 20mm 外圆的尺寸及公差符合图样要求即可。

第 4 步——车倒角：与工序 1 方法相同。

工序卡片二如图 4-5 所示。

______学院	车工一体化教学工艺卡片							车间	机加	共9张
								零件取材		
	产品代号	CGDXJ-A	件号	01	名称	输出轴	工序号	2	工序名称	第　张

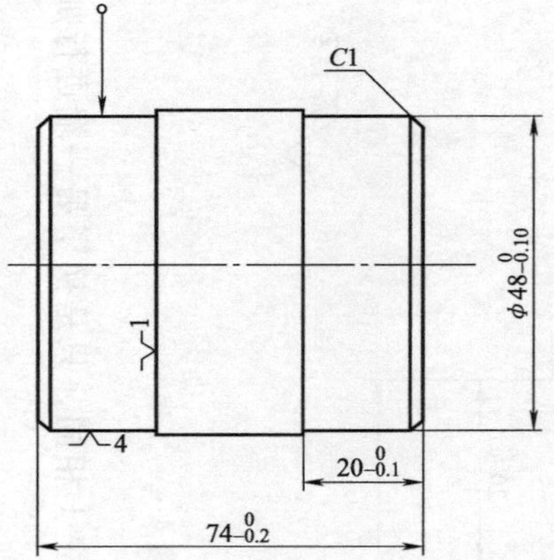

$\sqrt{Ra\ 12.5}$ ($\sqrt{}$)

毛坯类型		每件坯数	
毛坯尺寸		切削液	

应知内容提示	
1	
2	
3	
4	
5	
6	
7	
8	
9	
10	

工步号	工步内容	主轴转速 r/min	进给量 mm/r	背吃刀量 mm	走刀次数 次	工艺装备 刀具 名称	刀具 规格	夹具 名称	夹具 规格	量具 名称	量具 规格	设备 名称	设备 型号
1													
2													
3													
4													
5													
6													

更改	标记	处数	文件号	签字	日期	标记	处数	文件号	签字	日期	签字	编制		标验	
												校准		会签	
												审核		批准	

图 4-5　工序卡片二

3. 工序3：车外圆、端面训练三

（1）任务描述　车外圆、端面训练，按照图4-6所示的要求，完成工件外圆和端面加工。

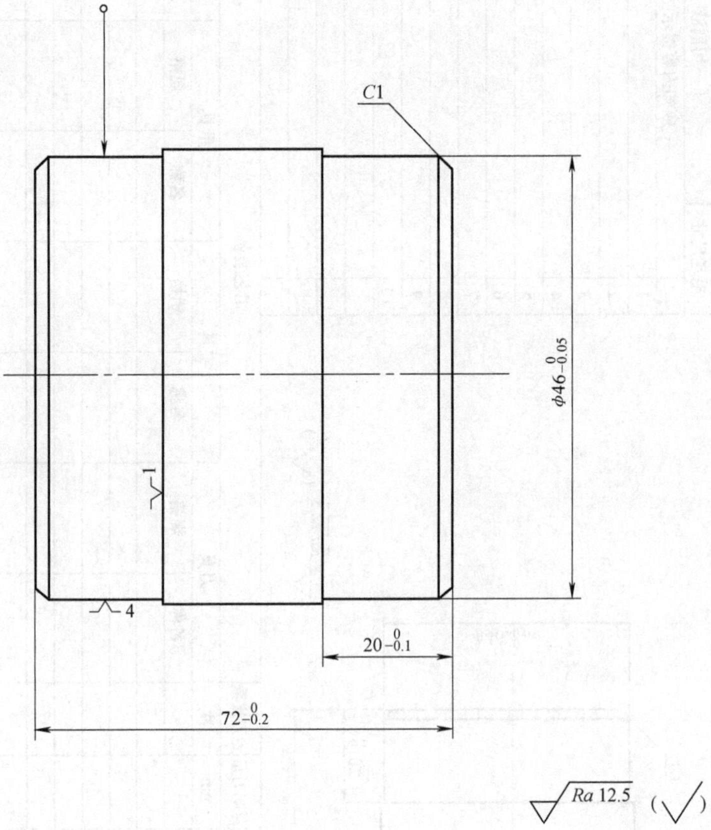

图4-6　工序3

（2）任务分析　本道工序与前两道工序加工方法相同，按照要求保证尺寸即可。

（3）任务实施

第1步——装夹：如图4-6所示，按工序2装夹方法继续加工。

第2步——车端面：与工序1中车端面方法相同，保证工件总长72mm及其公差符合图样要求即可。

第3步——车外圆：与工序1中车外圆方法相同，ϕ46mm、长20mm外圆的尺寸及公差符合图样要求即可。

第4步——车倒角：与工序1方法相同。

工序卡片三如图4-7所示。

____学院	车工一体化教学工艺卡片								车间	机加	共9张
									零件取材		
	产品代号	CGDXJ-A	件号	01	名称	输出轴	工序号	3	工序名称		第 张

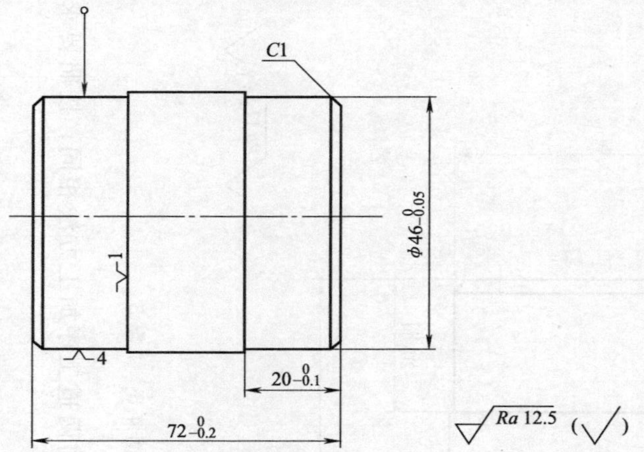

毛坯类型		每件坯数	
毛坯尺寸		切削液	

应知内容提示	
1	
2	
3	
4	
5	
6	
7	
8	
9	
10	

工步号	工步内容	主轴转速	进给量	背吃刀量	走刀次数	工艺装备							
		r/min	mm/r	mm	次	刀具		夹具		量具		设备	
						名称	规格	名称	规格	名称	规格	名称	型号
1													
2													
3													
4													
5													
6													

更改	标记	处数	文件号	签字	日期	标记	处数	文件号	签字	日期	签字	编制		标验	
												校准		会签	
												审核		批准	

图 4-7　工序卡片三

4. 工序 4：车外圆、端面训练四

（1）任务描述　车外圆、端面训练，按照图 4-8 所示的要求，完成工件外圆和端面加工。

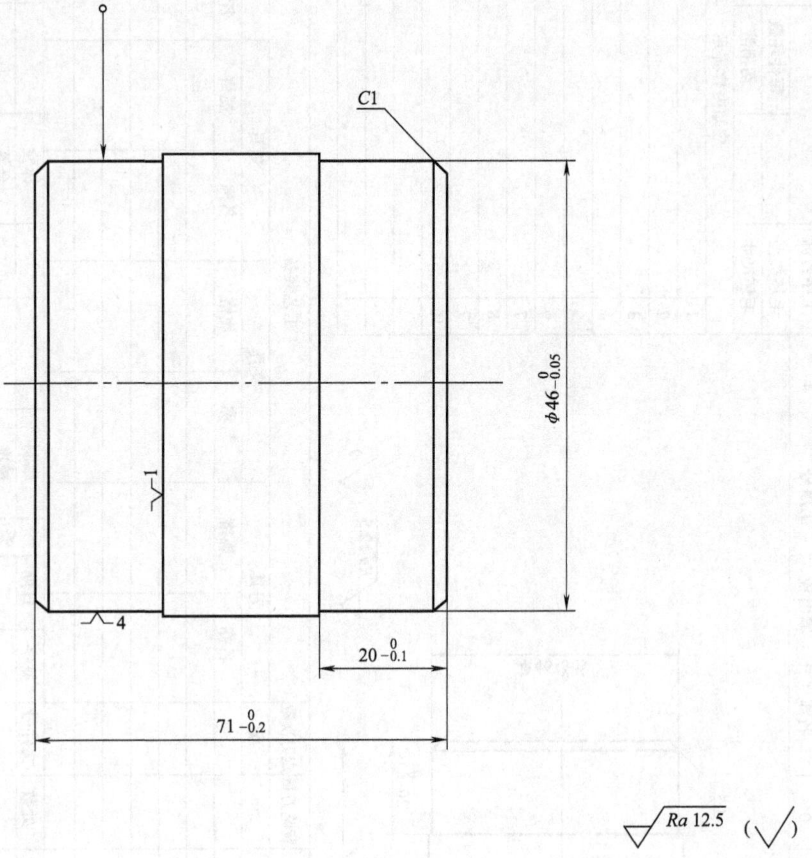

图 4-8　工序 4

（2）任务分析　本道工序与前几道工序加工方法相同，按照要求保证尺寸即可。

（3）任务实施

第 1 步——装夹：调头夹持 ϕ46mm 外圆，并顶住长为 20mm 的台阶部位装夹。

第 2 步——车端面：与工序 1 中车端面方法相同，保证工件总长 71mm 及其公差符合图样要求即可。

第 3 步——车外圆：与工序 1 中车外圆方法相同，ϕ46mm、长 20mm 外圆的尺寸及公差符合图样要求即可。

第 4 步——车倒角：与工序 1 方法相同。

工序卡片四如图 4-9 所示。

______学院	车工一体化教学工艺卡片								车间	机加		共9张
									零件取材			
	产品代号	CGDXJ-A	件号	01	名称	输出轴	工序号	4	工序名称			第 张
									毛坯类型		每件坯数	
									毛坯尺寸		切削液	

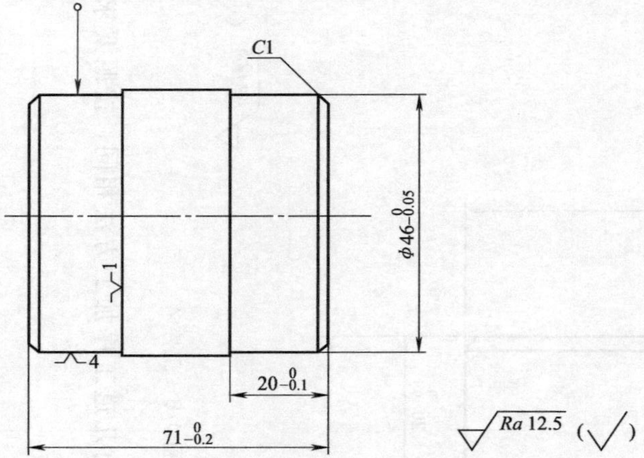

序号	应知内容提示
1	
2	
3	
4	
5	
6	
7	
8	
9	
10	

工步号	工步内容	主轴转速 r/min	进给量 mm/r	背吃刀量 mm	走刀次数 次	工艺装备 刀具 名称	刀具 规格	夹具 名称	夹具 规格	量具 名称	量具 规格	设备 名称	设备 型号
1													
2													
3													
4													
5													
6													

更改	标记	处数	文件号	签字	日期	标记	处数	文件号	签字	日期	签字	编制		标验	
												校准		会签	
												审核		批准	

图 4-9　工序卡片四

5. 工序 5：车外圆、台阶综合训练

（1）任务描述　车外圆和台阶训练，按照图 4-10 所示的要求，完成工件外圆和台阶加工。

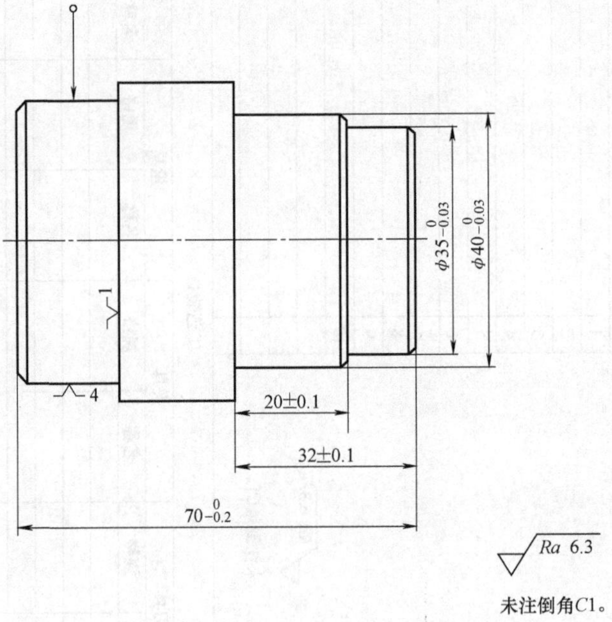

图 4-10　工序 5

（2）任务分析　本道工序使用 YT15 型 90°车刀来加工外圆和端面，使用 YT15 型 45°车刀加工倒角。使用 250mm 自定心卡盘装夹工件，使用 0～125mm 游标卡尺测量工件。加工端面时主轴转速为 450～600r/min，进给量为 0.1mm/r，背吃刀量为 1mm，走刀 2 次。加工 ϕ40mm 外圆时主轴转速为 450～600r/min，进给量为 0.1mm/r，背吃刀量为 3mm，走刀 3 次。加工 ϕ35mm 外圆时主轴转速为 450～600r/min，进给量为 0.1mm/r，背吃刀量为 2.5mm，走刀 3 次。加工倒角时主轴转速为 200～400r/min，手动进给，背吃刀量为 1mm，走刀 1 次。

（3）任务实施

第 1 步——装夹：如图 4-10 所示，按工序四装夹方法继续加工。

第 2 步——车端面：与工序 1 中车端面方法相同，保证工件总长 70mm 及其公差符合图样要求即可。

第 3 步——车外圆：与工序 1 中车外圆方法相同，保证 ϕ40mm、长 32mm 外圆尺寸公差符合图样要求即可。

第 4 步——车台阶：台阶就是在同一工件上有几个直径大小不同的圆柱体连接在一起像台阶一样的外圆。与车外圆方法相同，在前端车出 ϕ35mm、长 12mm 的外圆，其尺寸及公差，符合图样要求即可。

第 5 步——车倒角：与工序一方法相同。

工序卡片五如图 4-11 所示。

________学院	车工一体化教学工艺卡片								车间	机加	共9张
									零件取材		
	产品代号	CGDXJ-A	件号	01	名称	输出轴	工序号	5	工序名称		第 张
									毛坯类型		每件坯数
									毛坯尺寸		切削液

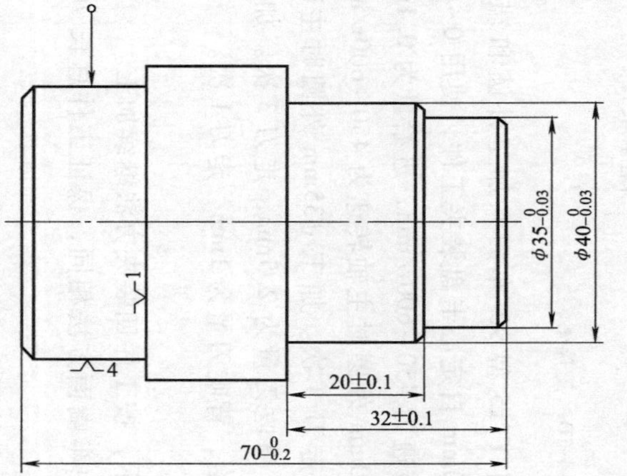

Ra 6.3

未注倒角C1。

应知内容提示	
1	
2	
3	
4	
5	
6	
7	
8	
9	
10	

工步号	工步内容	主轴转速 r/min	进给量 mm/r	背吃刀量 mm	走刀次数 次	工艺装备 刀具 名称	刀具 规格	夹具 名称	夹具 规格	量具 名称	量具 规格	设备 名称	设备 型号
1													
2													
3													
4													
5													
6													

更改	标记	处数	文件号	签字	日期	标记	处数	文件号	签字	日期	签字	编制			标验	
												校准			会签	
												审核			批准	

图 4-11 工序卡片五

6. **工序 6：钻孔、攻螺纹训练**

(1) 任务描述　钻孔、攻螺纹训练，按照图 4-12 所示的要求，完成工件钻孔、攻螺纹加工。

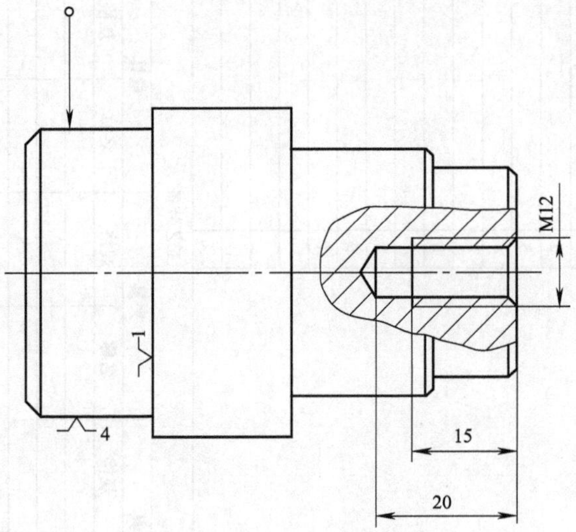

图 4-12　工序 6

(2) 任务分析　本道工序使用中心钻钻中心孔，使用麻花钻钻底孔，使用丝锥攻螺纹。使用 250mm 自定心卡盘装夹工件，使用游标卡尺和螺纹量规测量工件。钻中心孔时主轴转速选择 560~800r/min，手动走刀 1 次。

(3) 任务实施

第 1 步——装夹：如图 4-12 所示，按工序 5 装夹方法继续加工。

第 2 步——钻中心孔：在尾座锥孔中安装钻夹头，用钻夹头装中心钻。找正尾座中心，并紧固尾座，将主轴转速调至 560~800r/min；顺时针转动尾座手轮，进给量应小而均匀，达到指定深度时，应稍微停留 2~3s；退出中心钻，保证中心孔光圆、准确。

第 3 步——钻底孔：在尾座锥孔中安装麻花钻 ϕ10. 2mm；将主轴转速调至 150~200r/min，顺时针转动尾座手轮，进给量应小而均匀，达到指定深度 20mm，应稍微停留 2~3s；退出麻花钻，保证底孔光圆、准确。

第 4 步——攻螺纹：关闭电源，用顶尖顶住丝锥，两手同时同方向匀速转动尾座手轮和铰杠，进给量应小而均匀，吃力时可反向转出再重新转进，达到深度攻螺纹完成。

工序卡片六如图 4-13 所示。

____学院	车工一体化教学工艺卡片								车间	机加	共9张
									零件取材		
	产品代号	CGDXJ-A	件号	01	名称	输出轴	工序号	6	工序名称		第　张

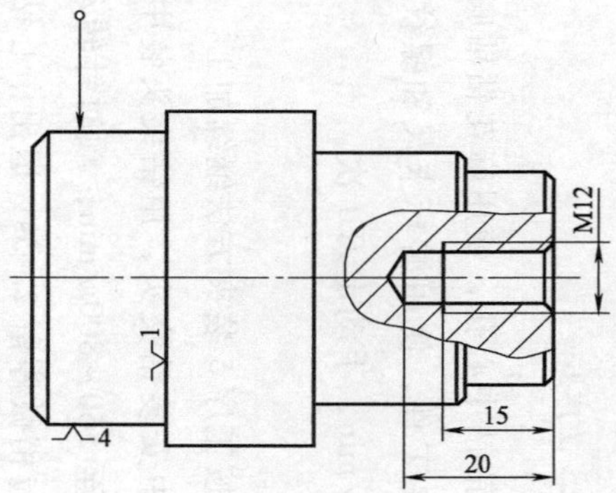

毛坯类型		每件坯数	
毛坯尺寸		切削液	

应知内容提示	
1	
2	
3	
4	
5	
6	
7	
8	
9	
10	

工步号	工步内容	主轴转速	进给量	背吃刀量	走刀次数	工艺装备							
		r/min	mm/r	mm	次	刀具		夹具		量具		设备	
						名称	规格	名称	规格	名称	规格	名称	型号
1													
2													
3													
4													
5													
6													

更改	标记	处数	文件号	签字	日期	标记	处数	文件号	签字	日期	签字	编制		标验	
												校准		会签	
												审核		批准	

图 4-13　工序卡片六

7. 工序 7：车锥面训练

（1）任务描述 车锥面训练，按照图 4-14 所示要求，完成工件锥面加工。

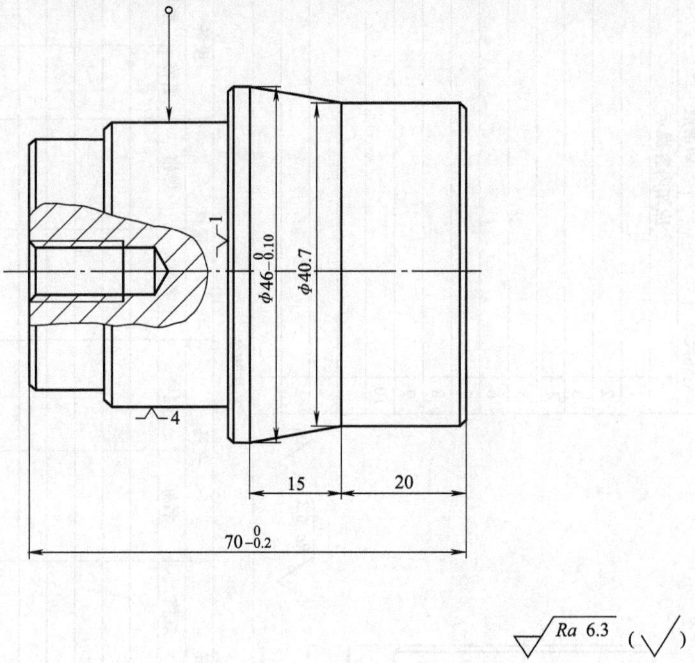

图 4-14 工序 7

（2）任务分析 本道工序使用 90°外圆车刀车外圆和台阶轴，通过转动小滑板法车锥面。使用 250mm 自定心卡盘装夹工件，使用游标卡尺测量工件。主轴转速为 450～600r/min，车外圆时进给量 0.1～0.2mm/r，车锥面时手动进给。

（3）任务实施

第 1 步——装夹：如图 4-14 所示，装夹持 ϕ40mm 外圆，并顶住长为 20mm 台阶部位装夹。

第 2 步——车外圆：与工序 1 中车外圆方法相同，保证 ϕ46mm、长 35mm 的外圆尺寸及公差符合图样要求即可。

第 3 步——车台阶外圆：台阶就是在同一工件上有几个直径大小不同的圆柱体连接在一起像台阶一样的外圆。与车外圆方法相同，在前端车出 ϕ40.7mm、长 20mm 的外圆，其尺寸及公差符合图样要求即可。

第 4 步——车锥面：采用转动小滑板法，将小滑板的固定螺丝旋开，按照工件所要求加工角度将小滑板旋转至该角度并固定好，这里根据公式 $C=\frac{D-d}{L}=2\tan\frac{\alpha}{2}$ 将小滑板转动一个圆锥半角，使车刀移动的方向和圆锥素线的方向平行，即可车出外圆锥。

工序卡片七如图 4-15 所示。

____学院	车工一体化教学工艺卡片								车间	机加	共9张
									零件取材		
	产品代号	CGDXJ-A	件号	01	名称	输出轴	工序号	7	工序名称		第　张
									毛坯类型		每件坯数
									毛坯尺寸		切削液

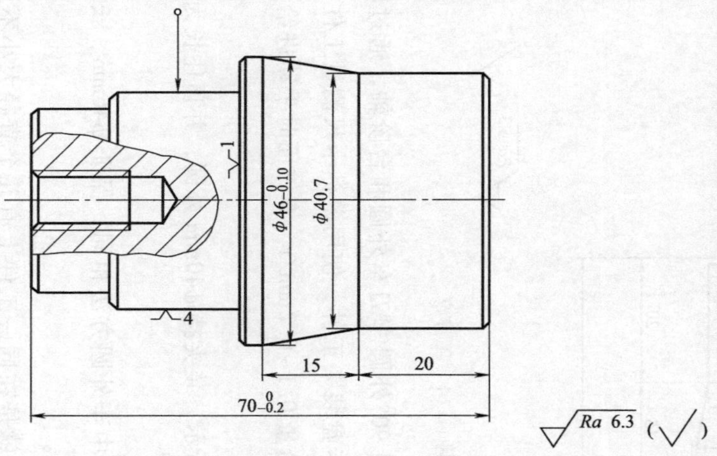

应知内容提示	
1	
2	
3	
4	
5	
6	
7	
8	
9	
10	

工步号	工步内容	主轴转速 r/min	进给量 mm/r	背吃刀量 mm	走刀次数 次	工艺装备 刀具 名称	刀具 规格	夹具 名称	夹具 规格	量具 名称	量具 规格	设备 名称	设备 型号
1													
2													
3													
4													
5													
6													

更改	标记	处数	文件号	签字	日期	标记	处数	文件号	签字	日期	签字	编制			标验	
												校准			会签	
												审核			批准	

图 4-15　工序卡片七

8. 工序 8：镗孔训练

(1) 任务描述　镗孔训练，按照图 4-16 所示要求，完成工件单镗孔加工。

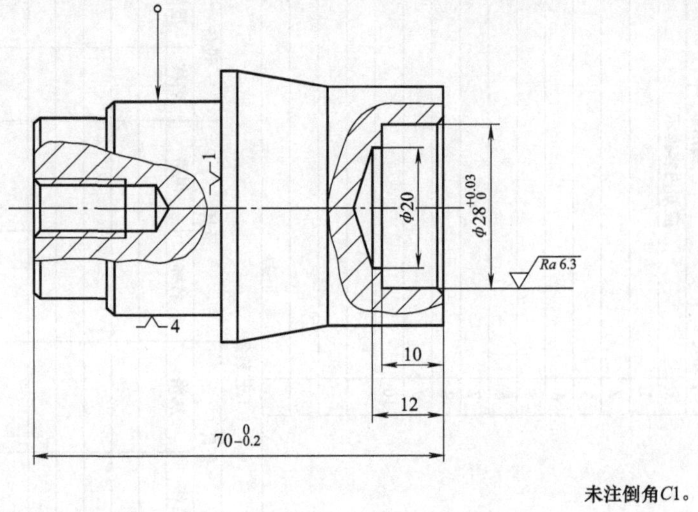

图 4-16　工序 8

(2) 任务分析　本道工序使用中心钻钻中心孔，使用麻花钻钻底孔，使用镗刀扩孔并车倒角。使用 250mm 自定心卡盘装夹工件，使用游标卡尺测量工件。钻中心孔时主轴转速为 700~900r/min，手动进给；钻底孔时主轴转速为 220~280r/min，手动进给；镗孔时主轴转速为 450~500r/min，进给量为 0.1~0.5mm/r，分 4 次走刀；最后手动进给车倒角。

(3) 任务实施

第 1 步——装夹：如图 4-16 所示，紧接工序 7 的装夹方式继续加工。

第 2 步——钻中心孔：在尾座锥孔中安装钻夹头，用钻夹头装中心钻，找正尾座中心，并紧固尾座。将主轴转速调至 700~900r/min，顺时针转动尾座手轮，进给量应小而均匀，达到指定深度时，应稍微停留 2~3s；退出中心钻，保证中心孔光圆、准确。

第 3 步——钻底孔：在尾座锥孔中安装麻花钻，将转速调至 220~280r/min；顺时针转动尾座手轮，进给量应小而均匀，达到指定深度 12mm，应稍微停留 2~3s；退出麻花钻，保证底孔光圆、准确。

第 4 步——镗孔：刀架安装 90°镗孔刀，将主轴转速调至 450~500r/min，进给量为 0.1~0.5mm/r。走刀 4 次：第 1 次镗孔尺寸至 $\phi22^{+0.3}_{0}$mm，深度为 $10^{+0.2}_{-0.2}$mm；第 2 次镗孔尺寸至 $\phi24^{+0.15}_{0}$mm，深度不变；第 3 次镗孔尺寸至 $\phi26^{+0.1}_{0}$mm，深度不变；第 4 次镗孔尺寸至 $\phi28^{+0.03}_{0}$mm。

第 5 步——车倒角：使用内孔镗刀，主轴转速为 450~500r/min，打正转，横向手动进给车出 C1 倒角。

工序卡片八如图 4-17 所示。

______学院	车工一体化教学工艺卡片								车间	机加	共9张
									零件取材		
	产品代号	CGDXJ-A	件号	01	名称	输出轴	工序号	8	工序名称		第 张
									毛坯类型		每件坯数
									毛坯尺寸		切削液

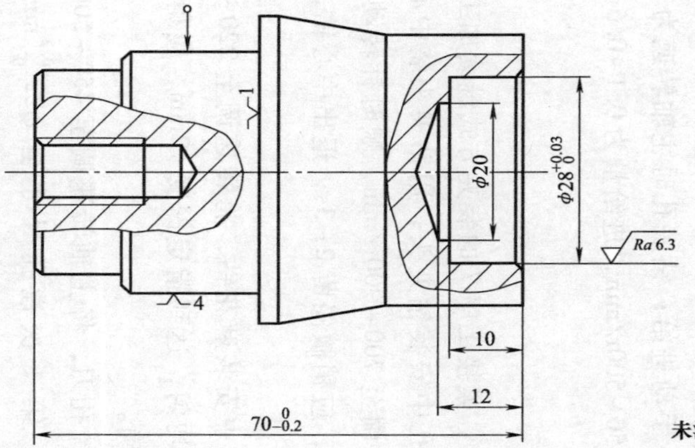

未注倒角C1。

应知内容提示	
1	
2	
3	
4	
5	
6	
7	
8	
9	
10	

工步号	工步内容	主轴转速	进给量	背吃刀量	走刀次数	工艺装备							
		r/min	mm/r	mm	次	刀具		夹具		量具		设备	
						名称	规格	名称	规格	名称	规格	名称	型号
1													
2													
3													
4													
5													
6													

更改	标记	处数	文件号	签字	日期	标记	处数	文件号	签字	日期	签字	编制		标验	
												校准		会签	
												审核		批准	

图 4-17 工序卡片八

9. 工序 9：**车螺纹训练**

（1）任务描述　车螺纹训练，按照图 4-18 所示要求，完成工件外螺纹加工。

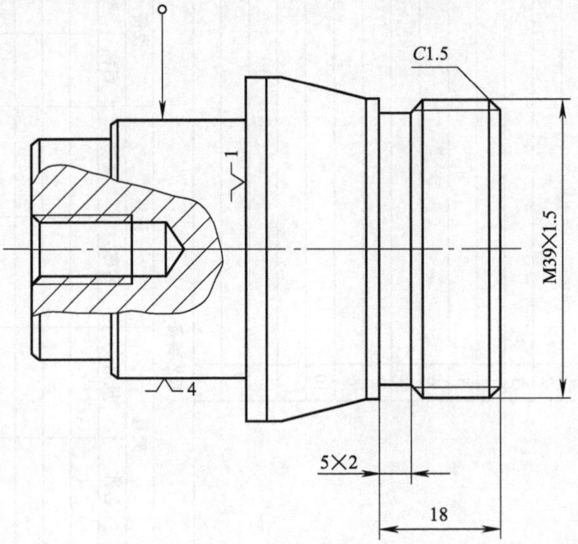

图 4-18　工序 9

（2）任务分析　本道工序使用 90°外圆车刀车外圆，使用切槽刀切槽，使用螺纹车刀车螺纹。使用 250mm 自定心卡盘装夹工件，使用游标卡尺和螺纹环规测量工件。车外圆时主轴转速为 600r/min，进给量为 0.1～0.2mm/r；切槽时主轴转速为 450r/min，手动进给；车螺纹时主轴转速为 150r/min，进给量为 1.5mm/r。

（3）任务实施

第 1 步——装夹：装夹形式不变，紧接工序 8 的装夹方式继续加工。

第 2 步——车外圆：与工序 1 中车外圆方法相同，车削 $\phi39_{-0.1}^{\ 0}$、长 18mm 的外圆尺寸及公差符合图样要求即可。

第 3 步——切槽：使用切槽刀，对刀后横向退出，纵向进给 18mm，横向进刀切出 2mm 深、5mm 宽的槽。

第 4 步——车螺纹：将刀架换上螺纹车刀，主轴转速调至 150r/min，进给量设为 1.5mm/r。开车、对刀记下刻度盘读数，向右退出车刀。合上开合螺母，在工件表面上车出一条螺旋线，横向退出车刀，并开反车把车刀退到右端，停车检查螺距是否正确。开始切削，利用刻度盘调整切深（逐渐减小切深），最终满足尺寸 M39×1.5。

工序卡片九如图 4-19 所示。

编者注：该输出轴的加工工序是为了让学生反复实操练习知识点而制定的。考虑到学生实操安全及材料利用率，在切削用量选择上比较保守。该加工工序不作为生产实际加工工序考虑。

______学院	车工一体化教学工艺卡片									车间	机加	共9张
										零件取材		
	产品代号	CGDXJ-A	件号	01	名称	输出轴	工序号	9	工序名称			第　张
									毛坯类型		每件坯数	
									毛坯尺寸		切削液	

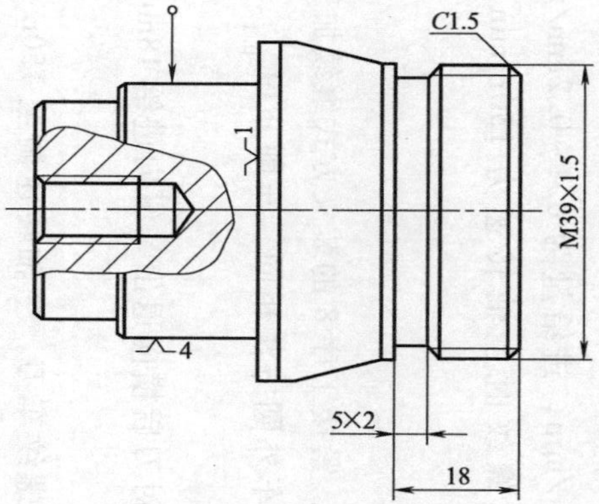

应知内容提示	
1	
2	
3	
4	
5	
6	
7	
8	
9	
10	

工步号	工步内容	主轴转速	进给量	背吃刀量	走刀次数	工艺装备							
		r/min	mm/r	mm	次	刀具		夹具		量具		设备	
						名称	规格	名称	规格	名称	规格	名称	型号
1													
2													
3													
4													
5													
6													

更改	标记	处数	文件号	签字	日期	标记	处数	文件号	签字	日期	签字	编制			标验		
												校准			会签		
												审核			批准		

图 4-19　工序卡片九

【职业素养提升】

理想的书籍是智慧的钥匙——钱三强

钱三强（1913—1992），中国科学院院士、核物理学家，原名钱秉穹，核物理学家，原籍浙江湖州，生于浙江绍兴，中国原子能科学事业的创始人，中国“两弹一星”元勋。

钱三强在核物理研究中获多项重要成果，特别是发现重原子核三分裂、四分裂现象并对三分裂机制作了科学的解释，为中国原子能科学事业的创立、发展和“两弹”研制做出了突出贡献。

钱三强特别重视人才培养，他30多岁时已经是一位卓有成就的实验物理学家，如果继续从事科学研究，其在该领域会更有建树。然而，回国后，他无条件地服从党和国家的需要，放弃自己心爱的科研工作，主要精力从事科学组织工作，为别人创造了施展才华的条件，培养了一大批科技人才。

在科研工作中，钱三强注重技能培养的严谨性，同时也鼓励青年发挥主动性和探索精神。

正是由于钱三强等老一辈科学家坚持不懈地对青年科技工作者的鼓励、信任、教诲和示范作用，在我国核科学技术领域中，有一大批年轻人自觉自愿地把自己的青春才华和毕生精力，默默无闻地奉献给国家和人民期盼的事业。

【考核评价】

<table>
<tr><td colspan="3">任务名称</td><td></td><td colspan="2">完成日期</td><td colspan="2"></td></tr>
<tr><td colspan="3">姓　名</td><td></td><td colspan="2">组　号</td><td colspan="2"></td></tr>
<tr><td rowspan="9">过程考核</td><td colspan="2">考核项目</td><td>考核内容及配分</td><td>自我评价（10%）</td><td>班组评价（30%）</td><td>教师评价（60%）</td><td>得分</td></tr>
<tr><td rowspan="4">职业素养</td><td>纪律</td><td>认真学习，不迟到早退，服从安排（10分）</td><td></td><td></td><td></td><td rowspan="7"></td></tr>
<tr><td>安全文明生产</td><td>安全着装，按要求操作机床（10分）</td><td></td><td></td><td></td></tr>
<tr><td>职业规范</td><td>爱护设备、量具，实训中工具、量具、刀具摆放整齐，按规定给机床加油、清洁（10分）</td><td></td><td></td><td></td></tr>
<tr><td>现场要求</td><td>不玩手机，不大声喧哗，不打闹，课后清扫地面、设备，清理现场（10分）</td><td></td><td></td><td></td></tr>
<tr><td>知识、技能</td><td>任务掌握</td><td>对任务的知识、技能掌握程度（60分）</td><td></td><td></td><td></td></tr>
<tr><td colspan="2">人伤械损事故</td><td>若出现人伤械损事故，整个任务成绩记0分</td><td></td><td></td><td></td></tr>
<tr><td colspan="3">总　分</td><td></td><td></td><td></td></tr>
<tr><td colspan="3">备注（现场未尽事项记录）</td><td colspan="5"></td></tr>
<tr><td colspan="3">教师签字</td><td colspan="2"></td><td>学生签字</td><td colspan="2"></td></tr>
</table>

【思考练习】

一、选择题

1. 车削偏心套时，粗车后工件壁厚较薄，用卡爪夹紧时夹紧力（　　）。

A. 要大，防止被甩出　　B. 不要过大

C. 要小　　D. 根据个人力量大小使用

2. 大型偏心套工件较大，一般在（　　）上进行加工和装夹。

A. 立式铣床　　B. 卧式车床　　C. 立式车床　　D. 卧式铣床

3. 若偏心套工件对偏心距要求较高，最好使用（　　）校正偏心距。

A. 试棒　　B. 游标卡尺　　C. 塞规　　D. 百分表

4. 花盘装夹车削适用于加工工件较短、偏心距较大、精度要求不高的（　　）工件。

A. 偏心套　　B. 偏心轴　　C. 偏心孔　　D. 偏心锥

5. 用偏心卡盘装夹适用于加工短轴、盘、（　　）类的精密零件。

A. 孔　　B. 块　　C. 套　　D. 箱

6. 车削偏心工件的方法，应按工件的不同数量、形状和（　　）要求采用相应地装夹方法。

A. 精度　　B. 尺寸　　C. 材料　　D. 形状

7. 花盘是安装在车床（　　）上的一个大圆盘。

A. 刀具　　B. 主轴　　C. 卡盘　　D. 工作台

8. 花盘的盘面上有许多（　　）用以穿放螺栓。

A. 长槽　　B. 深孔　　C. 螺纹孔　　D. 卡爪

9. 使用花盘车削工件时，主要根据（　　）来确定切削速度。

A. 背吃刀量　　B. 表面粗糙度　　C. 机床性能　　D. 刀具寿命

10. 国产内径百分表的分度值为（　　）mm。

A. 0.001　　B. 0.1　　C. 0.01　　D. 0.0001

11. 内径百分表的示值误差比较大，如测量范围为 35～50mm，示值误差为±(　　)。

A. 0.01mm　　B. 0.15mm　　C. 0.015mm　　D. 0.1mm

12. 使用内径百分表测量时，连杆中心线应与工件中心线（　　），不得歪斜。

A. 垂直　　B. 水平　　C. 相交　　D. 法线垂直

13. 内径百分表量头每移动 0.01mm 时，大指针偏转 1 格；当量头移动 1mm 时，大指针偏转 1 周，小指针偏转（　　）。

A. 1 周　　B. 10 周　　C. 10 格　　D. 1 格

14. 圆度检验用内径百分表，每处调转（　　）测量两点。

A. 180°　　B. 360°　　C. 90°　　D. 0°

15. 测量圆度误差，要测量若干个截面，取几个截面中（　　）的圆度误差

值作为工件的圆度误差。

A. 最大值　　B. 最小值　　C. 平均值　　D. 差值

16. 用内径百分表测量深孔的若干截面一周上的最大、最小读数，然后取各截面内所测得的所有读数的（　　）作为该深孔件的圆柱度误差。

A. 平均值　　B. 最大与最小读数差的一半

C. 最大与最小读数之差　　D. 最大与最小读数差的两倍

17. 中国科学院院士、核物理学家，中国原子能科学事业的创始人，中国“两弹一星”元勋，中国科学院院士是（　　）

A. 顾秋亮　　B. 刘鼎　　C. 吴运铎　　D. 钱三强

18. 符合着装整洁文明生产的是（　　）。

A. 随便着衣　　B. 未执行规章制度

C. 在工作中吸烟　　D. 遵守安全技术操作规程

二、判断题

1. 内排屑深孔钻其钻杆较外排屑深孔钻粗大，刚性好，进给量加大，钻孔效率较高，但获得的已加工表面质量较差。（　　）

2. 深孔钻削时要始终连续均匀进给。（　　）

3. 深孔加工刀具与短孔加工刀具不同的是，前后均带有导向垫，有利于保证孔的精度和直线度。（　　）

4. 可在车床上磨削尺寸精度、形状精度以及表面粗糙度值较小的深孔工件。（　　）

5. 深孔加工应在专用的设备上进行，其主运动是工件的旋转运动，辅助运动是刀具的轴向直线进给运动。（　　）

6. 经过拉铰刀加工后的深孔，可达到满意的尺寸精度和圆度精度，也能纠正孔的偏斜和弯曲。（　　）

7. 喷吸钻少部分切削液由头部小孔进入切削区，大部分切削液通过月牙形喷嘴向后高速喷射，内套管前后形成很大的压力差，使切屑顺利从内套管排出。（　　）

8. 常用的钻削刀具也适用于深孔钻削加工。（　　）

9. 圆度误差评定方法的共同特点是：以两个理想圆来包容被测圆的实际轮廓。（　　）

10. 圆度误差评定方法的共同特点是：以被测圆的实际轮廓来包容理想圆。（　　）

11. 圆度测量常用的比较检验法是投影比较法和测微仪比较法。（　　）

12. 使用塞规不能测量深孔件的圆柱度精度。（　　）

13. 比较法将被测表面和表面粗糙度样板直接进行比较，多用于车间评定表面粗糙度值较大的工件。（　　）

附录A 车削中的常用数据

表A-1 硬质合金外圆车刀切削速度参考值 （单位：m/min）

工件材料	热处理状态	a_p=0.3~2mm f=0.08~0.3mm/r	a_p=2~6mm f=0.3~0.6mm/r	a_p=6~10mm f=0.6~1mm/r
低碳易切钢	热轧	140~180	100~200	70~90
中碳钢	热轧	130~160	90~110	60~80
	调质	100~130	70~90	50~70
	淬火	60~80	40~60	—
合金结构钢	热轧	100~130	70~90	50~70
	调质	80~110	50~70	40~60
工具钢	退火	90~120	60~80	50~70
不锈钢	—	10~80	60~70	50~60
灰铸铁	<190HBW	80~110	60~80	50~70
	190~225HBW	90~120	50~70	40~60
高锰钢	—	—	10~20	—
铜及铜合金	—	200~250	120~180	90~120
铝及铝合金	—	300~600	200~400	150~300
铸铝合金	—	100~180	80~150	60~100

注：切削钢与铸铁时，刀具寿命为60~90min。

表A-2 车削中碳钢主轴转速的选用

车刀材料：YT15 主偏角为75° 粗车：a_p=3~4mm；f=0.3~0.4mm/r			车刀材料：YT15 主偏角为90° 精车：a_p=0.1~0.2mm；f=0.08mm/r		
工件直径 D/mm	计算转速 $n_{计}$/(r/min)	实际转速 $n_{实}$/(r/min)	工件直径 D/mm	计算转速 $n_{计}$/(r/min)	实际转速 $n_{实}$/(r/min)
≤15	2030~2530	1200	≤15	4000~5100	1200
20	1520~1900	1200	20	3000~3800	1200
25	1220~1520	1200	25	2400~3040	1200

（续）

车刀材料：YT15　主偏角为 75° 粗车：a_p=3~4mm；f=0.3~0.4mm/r			车刀材料：YT15　主偏角为 90° 精车：a_p=0.1~0.2mm；f=0.08mm/r		
工件直径 D/mm	计算转速 $n_{计}$/(r/min)	实际转速 $n_{实}$/(r/min)	工件直径 D/mm	计算转速 $n_{计}$/(r/min)	实际转速 $n_{实}$/(r/min)
30	1020~1270	960~1200	30	2000~2504	1200
35	870~1870	960	35	1730~2170	1200
40	760~950	760~950	40	1500~1900	1200
45	680 ~840	710~760	45	1360~1700	1200
50	610~760	610~760	50	1200~1540	1200
55	550~690	600~710	55	1020~1380	1200
60	510~630	480~610	60	1000~1270	960~1200
70	440~540	460~600	70	860~1080	960
80	360~480	380~480	80	750~950	760~960
90	340~420	370~460	90	670~840	760
100	305~380	305~380	100	600~760	600~760
110	280~340	205~360	110	545~690	600~760
120	250~320	230~305	120	500~630	480~600

注：当车刀、工件材料和切削条件一定时，不同的直径要选择不同的主轴转速。

表 A-3　常用米制普通粗牙螺纹公称直径及螺距

公称直径	M1.6	M2	M2.5	M3	M4	M5	M6	M8	M10	M12
螺距/mm	0.35	0.4	0.45	0.5	0.7	0.8	1	1.25	1.5	1.75
公称直径	M14	M16	M18	M20	M22	M24	M27	M30	M33	M36
螺距/mm	2	2	2.5	2.5	2.5	3	3	3.5	3.5	4

附录 B　实操考核综合实例

考核实例 1　车单球手柄

1. 考前准备

考核实例 1 如图 B-1 所示。

1）读图，熟悉各部尺寸精度和特殊部位的相互关系。

2）根据图样上的要求，选用适当的工具、量具并核实其精度，再根据现有条件考虑加工方案。

3）熟悉机床，了解其性能并作必要的调整。

4）核实考件毛坯尺寸，并做好考前的安排，满足安全生产和文明生产的要求。

2. 考核项目

（1）主要项目

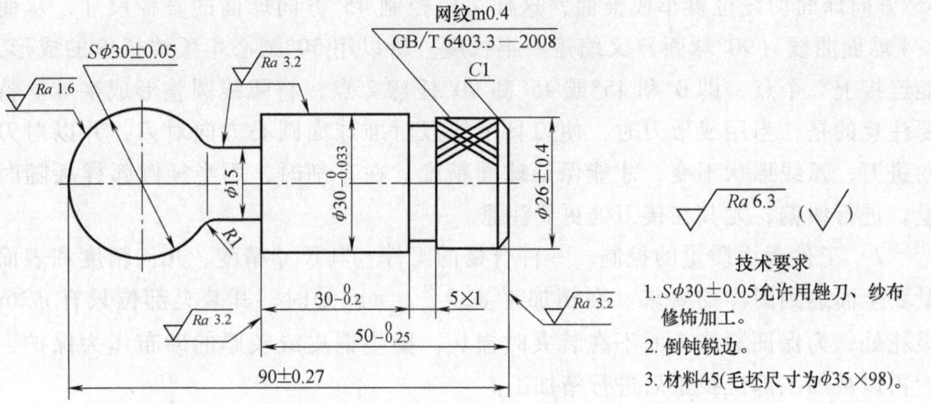

图 B-1 考核实例 1

1）$S\phi30\pm0.05$mm。

2）$\phi30_{-0.033}^{\ 0}$mm。

3）网纹 m0.4。

4）$Ra1.6\mu$m。

（2）一般项目

1）$\phi26\pm0.4$mm。

2）$30_{-0.20}^{\ 0}$mm。

3）$50_{-0.25}^{\ 0}$mm。

4）90 ± 0.27mm。

5）$Ra3.2\mu$m（4 处）。

3. 操作要领

考件分析：一端为特形面——球面，一端为滚花面。从切削关系上，滚花加工时对工件的装夹力要求较大，滚花时的切削力很大，对工件的装夹位置有很大的破坏性，因此滚花需要最先加工。将毛坯料装夹后，平端面、粗车 $\phi30$mm 外圆至 $\phi30.5$mm×70mm。调头夹 $\phi30$mm 外圆处（精基准），伸出长度为 30mm，平端面、车外圆 $\phi26$mm×20mm、车槽 5×1、滚花、倒角 $C1$。尤其要强调的是倒角一定在滚花后进行，显得工件干净、整齐。调头，夹 $\phi30$mm 圆柱处，伸出长度 50mm，车槽、车圆球并且同时车出全长。最后夹滚花处（垫铜皮），精车 $\phi30_{-0.033}^{\ 0}$mm，$Ra3.2\mu$m 至尺寸。

从整个工件的要求上看，没有几何精度要求，所以分别加工两端的各部位不影响几何精度，而且都以中间部位为装夹基准，大大缩短了工件的伸出长度，因而提高了工件的刚性和加工的稳定性。

4. 容易出现的问题和解决方法

1）车削球面尺寸 $S\phi30\pm0.05$mm 时，在径向范围容易掌握，而在 45°方向范围难于控制。考件的球面是以完整半球和截头半球两部分组成，在完整半球部分可以控制 3 个点的尺寸：即直径上 2 个点（直径尺寸），端点到圆心半径的 1 个点，3 个特殊点形成 180°半圆球。所以车削完整半球时，只控制 90°方向即可。在

45°方向球面切线位置车成锥面，这样可以控制45°方向球面的直径尺寸，从而把1/4球面曲线（90°球面）又缩短一半长度。所以用50°圆心角弧线长度的成形刀，能连接上2个点，即0°和45°或45°和90°任意2点，将弧线圆整形成半球。特别要注意的是，当用成形刀时，使刀具中线以对准球面圆心方向对刀，并以对刀方向进刀，弧线形状不变，才能保证球面精度。在车削时，用半径圆弧样板随时测量，进行纠偏，尤其在接刀处更要注意。

2）工件表面质量的控制。一件合格的工件，其尺寸精度、几何精度和表面质量要全面达到图样的要求。在精加工 $\phi30_{-0.033}^{\ 0}$ mm 处时，其装夹部位只有 $\phi26$mm 滚花处，为保证滚花表面不在装夹时损坏，要垫铜皮或较厚的砂布作为保护，然后再以被加工部位找正后进行精加工。

考核实例2　车顶尖

1. 考前准备

考核实例2如图B-2所示。

1）分析并熟悉图样，掌握各部尺寸精度要求。

2）熟悉机床并调整小滑板间隙，了解小滑板转盘的分度情况。

3）核实量具、量规及其辅具情况，并考虑加工方法。

4）检查考件毛坯料的加工余量情况。

5）做好安全生产和文明生产的组织工作。

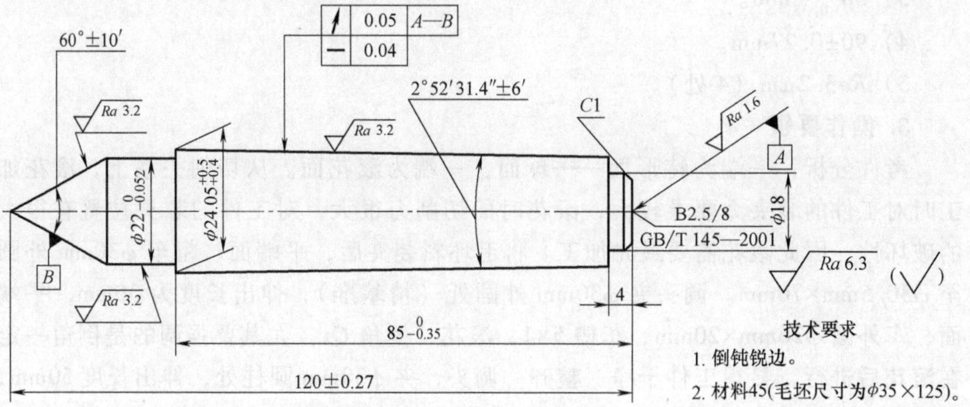

图 B-2　考核实例 2

2. 考核项目

（1）主要项目

1）2°52′31.4″±6′。

2）$\phi24.05_{+0.4}^{+0.5}$mm。

3）60°±10′。

4）$\phi22_{-0.052}^{\ 0}$mm。

5）$Ra6.3\mu m$。

（2）一般项目

1）2°52′31.4″锥面径向圆跳动对 60°与中心轴线公差 0.05mm。

2）2°52′31.4″锥体素线直线度允差 0.04mm。

3）B2.5/8 处 $Ra1.6\mu m$。

4）$85_{-0.35}^{0}$mm。

5）120±0.27mm。

6）$Ra6.3\mu m$（2 处）。

3. 操作要领

夹毛坯外圆，车平端面并钻中心孔 B2.5/8，车外圆至 ϕ25mm×60mm。调头，夹已车至为 ϕ25mm 的外圆为精基准，平端面取全长 120±0.27mm（按上极限偏差车）。车 $\phi22_{-0.52}^{0}$mm 外圆至尺寸，长度为 35mm，$Ra3.2\mu m$。调整小滑板转盘至 30°，车 60°±10′锥体，$Ra3.2\mu m$。

用自定心卡盘夹一小短料，夹牢。与平端面并钻中心孔 B2.5/8$Ra1.6\mu m$，以此作为装夹考件用的反顶尖。用鸡心夹头夹 ϕ22mm 外圆处，后尾座装顶尖，以两顶尖方式装夹考件。调整小滑板转盘至 $\alpha/2$，即 1°26′16″。用加工余量进行试车削，用万能角度尺测量圆锥半角后再调整锥度。待锥度调到要求角度后，将锥体大端直径车至上偏差尺寸，测量圆柱面长度，来计算锥体加工余量，当背吃刀量为 0.05mm 时，圆锥面向前延伸 1mm，由此来确定粗车和精车背吃刀量的大小。

4. 容易出现的问题和解决方法

1）图样要求，长锥体表面对 60°短锥表面和中心孔轴线径向圆跳动公差为 0.05mm，影响它的因素较多。当 60°锥面车成后先不装鸡心夹，用两顶尖方式（一反一正）将工件装夹好，测量 60°锥面径向圆跳动情况，如果跳动超过 0.05mm 时不能进行加工。分析原因是：其一，60°尖部锥面与另一端中心孔同轴度误差大；其二，反顶尖的中心孔跳动。第一种原因产生径向圆跳动的可能性最大。解决方法是，夹 ϕ25mm 外圆这个精基准找正，此外圆在 0.03mm 以内，修 60°尖部锥面即可。

2）锥体素线不直。用直尺在锥体素线上测其直线性，出现鼓形（凸）和鞍形（凹）是车锥体常出现的问题，主要原因是车刀安装不合理。将刀尖调整到轴线中心位置可消除锥体素线不直现象。

3）锥度测量不准。考件的测量方法只有万能角度尺。用万能角度尺测量锥体半角，如果测量直尺与锥体轴线不在一个平面内，出现相交现象，其测量的角度值将有较大的误差；万能角度尺的基准尺靠在锥体的端面上，如果锥体端面与轴线的垂直度误差较大，将直接影响测量角度的准确性。所以对端面的垂直度问题，在没车锥体之前，先测量其垂直度误差（要记测量位置），在测量锥度半角时将其误差计算在内（在相同位置测量）。用万能角度尺的直尺测量时，一定要顺素线方向，在最高点上测量，减小测量误差。

考核实例 3　车小带轮

1. 考前准备

考核实例 3 如图 B-3 所示。

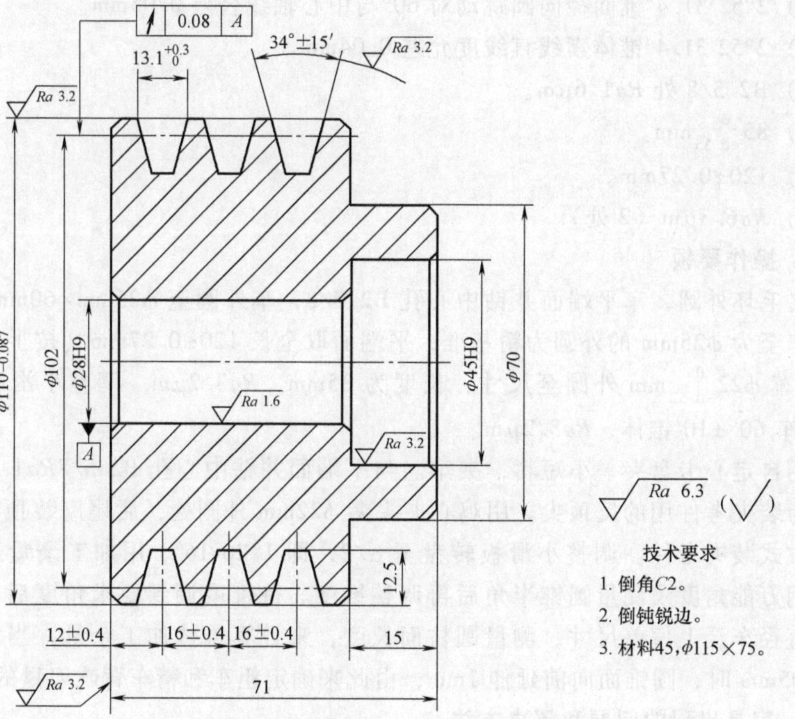

图 B-3　考核实例 3

1）读图，了解考件各部尺寸精度和要求。

2）核实工具、量具、刃具的适用性，根据给定条件考虑加工方法。

3）熟悉机床性能和掌握变速机构手柄位置。

4）核实考件毛坯情况，确定加工方案。

5）做好安全生产和文明生产的组织工作。

2. 考核项目

（1）主要项目

1）ϕ28H9mm。

2）ϕ45H9mm。

3）V 形槽节圆对 ϕ28H9mm 孔的径向圆跳动公差 0.08mm（3 处）。

4）$\phi110_{-0.087}^{0}$mm。

5）Ra1.6μm。

（2）一般项目

1）34°±15′。

2）$13.1_{0}^{+0.3}$mm（3 处）。

3）16±0.4mm（2 处）。

4）12±0.4mm。

5）Ra3.2μm（9 处）。

3. 操作要领

1）毛坯是有台阶的铸件，夹台阶小圆，粗车 ϕ110mm 处至 ϕ112mm，车平端面、钻孔 $\phi26$mm。

2）调头，夹大外圆，以外圆和端面找正。粗车 $\phi70$mm 处至 $\phi72$mm，控制台阶长度在 71mm-15mm=56mm，车至 57mm。

3）$\phi70$mm 圆的小端面先不车，为了在装夹时增加装夹长度。

4）以 $\phi70$mm 外圆处和台阶端面为装夹定位精基准。精车外圆 $\phi110_{-0.087}^{0}$mm 至尺寸，车平端面，不能倒角。

5）停车不卸活，在工件外圆上纵向涂上一条色线或粉笔线，自己划 V 形槽位置线。先划槽的中线，再以中线为基准向两边划槽大端尺寸线和槽底宽尺寸线。

6）按线车槽，先用槽底宽尺寸的车槽刀，车直槽至槽底尺寸，再用 V 形槽车刀，车 V 形槽至尺寸。用角度样板测量。倒角去刺。

7）粗精车 $\phi28$H9mm 孔至尺寸，以塞规测量。

4. 容易出现的问题和解决方法

1）V 形槽对 $\phi28$H9mm 孔轴线径向圆跳动公差为 0.08mm，这是最容易超差的。所以在车 V 形槽时，分粗、精加工，尽量减小切削力和切削热，而且还要对 3 个 V 形槽进行均匀切削，也就是粗车时，3 个槽依次粗车，精车时 3 个槽依次加工完成。不可以单个 V 形槽加工成形后，再加工下一个 V 形槽。因为装夹位置短，车槽时的切削力较大，容易产生振动。单槽车削的结果，只有最后一个 V 形槽能保证其径向圆跳动允差，虽是在一次装夹中车削，由于切削条件不佳，也不能保证位置精度。

2）$\phi45$H9mm 台阶孔与 $\phi28$H9mm 孔的位置关系，从图样上虽然没有具体的位置精度要求，但两个孔的精度等级相同，同样有配合件，从设计基准上看都在同一个基准上，所以在加工过程中应尽量保证同轴度要求。最后加工 $\phi45$H9mm 台阶孔时，要以中 $\phi28$H9mm 孔和 V 形槽的侧面找正，可以提高两个孔的同轴度精度。

考核实例 4　车三联齿轮

1. 考前准备

考核实例 4 如图 B-4 所示。

1）熟悉图样中对考件各部分尺寸公差和表面粗糙度的要求。在几何公差方面，图样要求 3 个齿轮的齿顶圆直径与 $\phi22$H7mm 内孔的径向圆跳动公差为 0.018mm。每个齿顶圆直径又都有较高的公差要求，各台阶和槽宽也都有公差要求。从整个考件看，尺寸较多，精度和表面粗糙度的要求也较高。

2）夹具方面除自定心卡盘外，还需准备 $\phi22$mm 实心小锥度心轴。

3）除常用的一般量具外，需准备 $\phi22$mm 塞规和百分表。

2. 考核项目

（1）主要项目

1）$\phi22$H7mm 内孔。

2）$\phi68_{-0.03}^{0}$mm 外圆。

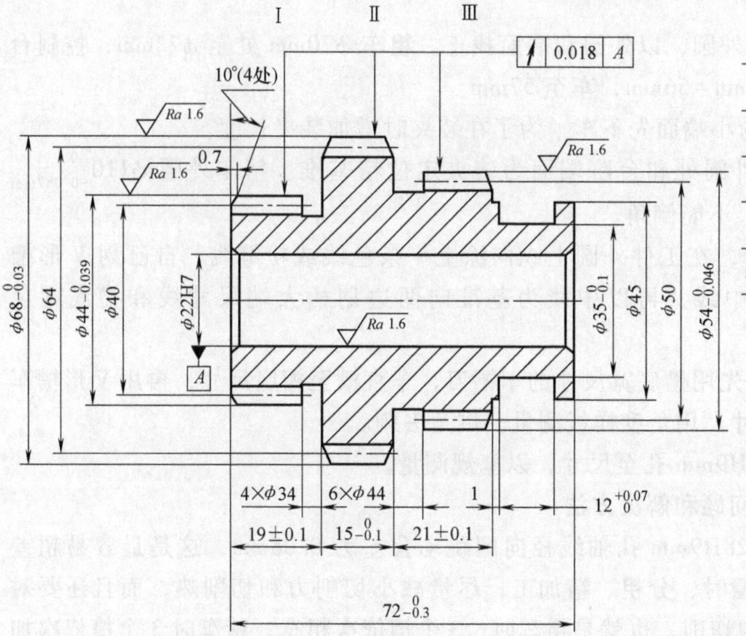

	Ⅰ	Ⅱ	Ⅲ
模数m	2	2	2
齿数z	20	32	25
压力角α	20°	20°	20°
精度等级	8FL	8FL	8FL

Ra 3.2 (√)

技术要求

1. 倒角$C1$。
2. 倒钝锐边。
3. 材料45($\phi70\times75$)。

图 B-4 考核实例 4

3）$\phi44_{-0.039}^{\ 0}$mm 外圆。

4）$\phi54_{-0.046}^{\ 0}$mm 外圆。

5）$Ra1.6\mu m$（4 处）。

6）$\phi22$mm 内孔与 3 个齿顶圆直径的径向圆跳动公差 0.018mm。

（2）一般项目

1）$\phi35_{-0.01}^{\ 0}$mm 槽底直径。

2）19±0.1mm 台阶长度。

3）$15_{-0.1}^{\ 0}$mm 台阶长度。

4）21±0.1mm 台阶长度。

5）$12_{\ 0}^{+0.07}$mm 槽宽。

6）$72_{-0.3}^{\ 0}$mm 全长。

3. 操作要领

1）首先将考件装夹在自定心卡盘上进行粗车外圆，粗车槽和钻孔，然后，用自定心卡盘夹持留有精车余量的中 $\phi54$mm 外圆，粗车 $\phi68$mm 和 $\phi44$mm 外圆，车槽，倒角，控制台阶长度。精车 $\phi22$H7mm 孔，全长为 72mm。这是一个直径较小，长度较长的通孔，在车孔的操作中有些难度，要注意以下几个方面的问题：其一，要正确选择车刀角度，为了减小径向切削力，防止振动，主偏角应取得较大些，一般在 60°~75°之间，副偏角为 15°~30°之间，为了防止车孔刀后面与孔壁的摩擦和不使车孔刀的后角磨得太大，一般磨成两个后角；其二，精车余量不要留得太多，一般在 0.15~0.20mm 之间为宜；其三，精车时，切削速度不要选择太高，以免切削刃很快磨损，产生锥孔；其四，精车孔时要充分加注切削液，以减少刀具磨损和提高表面加工质量。

2）以 ϕ22H7mm 孔为基准，装入实心小锥度心轴，精车外圆及其他各部分至图样要求的尺寸。

实心小锥度心轴可采用 1∶3000 锥度。装上考件前，先将心轴装夹在两顶尖间，用百分表检查心轴外圆的径向圆跳动，不得超过 0.005mm。在这种心轴上加工出的考件，精度较高，可以保证图样上圆跳动公差为 0.018mm 的要求。但是这种心轴的缺点是轴向无法定位，承受切削力小，因此，在这种心轴上只能做精加工，大量的多余金属应在粗车时切削掉。

3）由于该考件台阶较多，各台阶尺寸又都有公差要求，根据图样尺寸标注的方式，该考件台阶尺寸的控制应从左向右逐个进行，最后确保全长 $72_{-0.3}^{\ 0}$mm 的尺寸。

4. 容易出现的问题和解决方法

本考件精车 ϕ22H7mm 孔时，最容易出现锥孔，即前口大后口小，多是由于吃刀时“让刀”造成的。因此，选择刀杆时要在不影响车削的前提下，尽量选择粗的刀杆，以增强刀杆的刚性。同时，在留精车余量时要适当，不可太大，精车孔的切削次数也不应过多，一般应在 1~2 刀便将孔车至图样要求的尺寸。

考核实例 5　车偏心轴

1. 考前准备

考核实例 5 如图 B-5 所示。

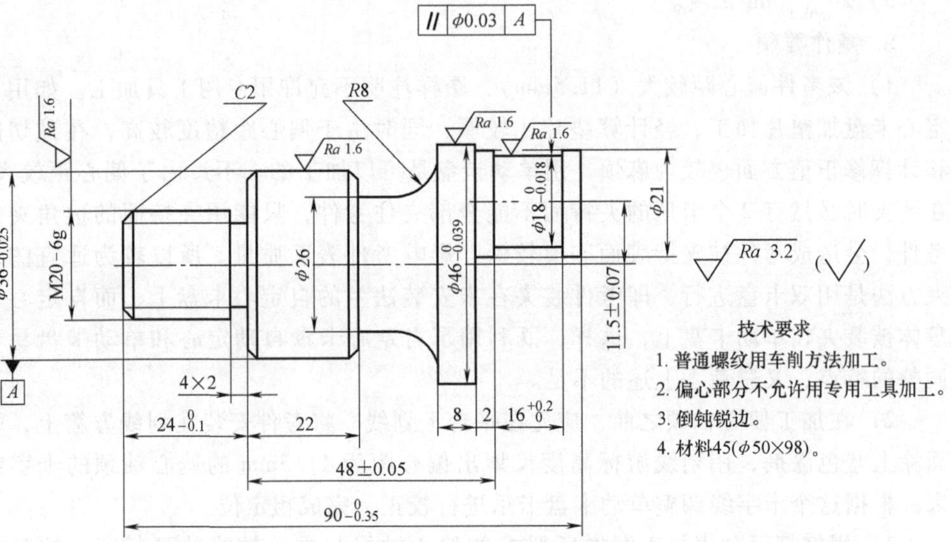

图 B-5　考核实例 5

1）本考件是较为典型的偏心零件。偏心距为 11.5±0.07mm，偏心轴轴线与中心轴轴线的平行度公差为 0.03mm。同时，各外圆的直径和长度公差要求也较高。因此，考前要做到熟悉图样，搞清楚各尺寸之间的相互关系，尤其是根据本考件偏心距较大的特点确定加工方法。

2）夹具方面要准备单动卡盘和未安装法兰盘的自定心卡盘体，用以车制偏心轴部分。

3）除常用的量具外，需准备杠杆式百分表、钟表式百分表、M20 螺纹环规、R8 半径样板；另外还应准备划线用的高度游标划线尺、90°角尺、方箱和蓝色涂剂等。

4）除常用的一般刀具外，还需准备 R8 成形车刀。

2. 考核项目

（1）主要项目

1）$\phi36_{-0.025}^{\ 0}$mm 外圆。

2）$\phi46_{-0.039}^{\ 0}$mm 外圆。

3）$\phi18_{-0.018}^{\ 0}$mm 外圆。

4）偏心距 11.5±0.07mm。

5）$Ra1.6\mu m$（4 处）。

6）M20 外螺纹。

（2）一般项目

1）中心轴线与偏心轴线的平行度公差为 0.03mm。

2）48±0.05mm 长度。

3）$16_{\ 0}^{+0.2}$mm 长度。

4）$90_{-0.35}^{\ 0}$mm 全长。

5）$24_{-0.1}^{\ 0}$mm 长度。

3. 操作要领

1）该考件偏心距较大（11.5mm），图样注明不允许用专用工具加工。如用自定心卡盘加垫片加工，经计算垫片比较厚，同时由于偏心距精度较高，在试切削和计算修正值方面也较为麻烦，用单动卡盘是可以加工的。不过由于偏心距较大，在装夹时必然有 2 个卡爪的夹持面不能全部夹住考件，只能用夹持面的边角夹住考件，会造成考件被夹持表面印痕较深，影响考件表面质量。所以较为适宜的装夹方法是用双卡盘进行，即考件装夹在未安装法兰的自定心卡盘上，而自定心卡盘体被装夹在单动卡盘上，这样，既利用了自定心卡盘自动定心和单动卡盘易于调整的特点，又避免了上述的不足。

2）在加工偏心轴颈之前，应先在平台上划线。将考件安装在划线方箱上，端面涂上蓝色涂剂，用划线游标高度尺划出偏心距为 11.5mm 的偏心轴颈的十字线来。根据这个十字线调整单动卡盘卡爪进行校正，完成粗定位。

3）用杠杆百分表校正图样所要求的偏心轴线与中心轴线的平行度，控制在 0.03mm 之内。具体方法是：将杠杆百分表装夹在刀架上，使其触头置于 $\phi46$mm 外圆左端面的外缘处，用手旋转卡盘使考件做圆周转动，直到校正到 0.02mm 之内。这样车出的偏心轴的轴线便平行于中心轴的轴线了。由于考件偏心距较大，在校正中要借助中滑板的横向移动来调整杠杆百分表的位置，实现测量和校正工作。

4）按十字线校正后，粗车偏心轴颈，要留有较大的余量，以便于进一步精确地校正偏心距，使之达到±0.07mm 的上、下极偏差要求。精确校正偏心距的方法是：将考件的偏心轴颈旋转到卡盘上方的位置（如图 B-5 中的位置），再把钟表式百分表装夹在刀架上，移动中滑板，分别测量 ϕ46mm 外圆的最高点和偏心轴颈的最高点，并计算出这两个数值的差来。这时，通过计算便可得到考件目前实际的偏心距数值来：

$$e_{实}=d_{中}/2-d_{偏}/2-x$$

式中　$e_{实}$——经粗加工考件实际偏心距；$d_{中}$——中心轴线上的 ϕ46mm 外圆实际测得的直径尺寸；$d_{偏}$——粗加工后偏心轴颈实际测得的直径尺寸；x——用百分表测得 ϕ46mm 外圆最高点和粗加工后偏心轴颈最高点之差。

例如，$d_{中}$ 为 ϕ45.98mm，$d_{偏}$ 为 ϕ22.10mm，x 为 0.78mm，则

$$e_{实}=(45.98/2-22.1/2-0.78)\text{mm}=(22.99-11.05-0.78)\text{mm}=11.16\text{mm}$$

通过计算得出粗加工后考件实际偏心距为 11.16mm，距 11.5±0.07mm 还小 0.34mm，仍需调整单动卡盘卡爪再偏出 0.34mm 即可。调整卡爪时，可将百分表触头置于偏心轴颈的最高点上进行，以监测调整量的变化。经反复调整试车和测量计算，直至达到符合偏心距的公差要求为止。

4. 容易出现的问题和解决方法

1）本考件偏心距较大，进刀操作要细心，由外向里循序进给，避免发生车刀撞击考件现象。

2）车床要有足够的刚性，各移动导轨要调整适当，不得松动，考件装夹要稳妥牢固，切削用量的选择也不要过高。

3）考件偏心距大，旋转起来范围也较大，加工时要特别注意安全。

考核实例 6　车锥孔双头蜗杆

1. 考前准备

考核实例 6 如图 B-6 所示。

1）读图，了解各部尺寸精度要求，结合技术要求逐条地进行具体分析。

2）熟悉机床情况及性能，并做必要的调整及更换交换齿轮。

3）根据工、量、刃具条件考虑加工方案，在现有条件下因地制宜地完成考件加工。

4）核实考件毛坯尺寸，确定工艺方案。

5）做好文明生产和安全生产的安排。

2. 考核项目

（1）主要项目

1）蜗杆精度 8f。

2）$\phi 30_{-0.013}^{0}$mm。

3）$\phi 52_{-0.03}^{0}$mm。

4）莫氏 3 号锥度。

5）ϕ12H8。

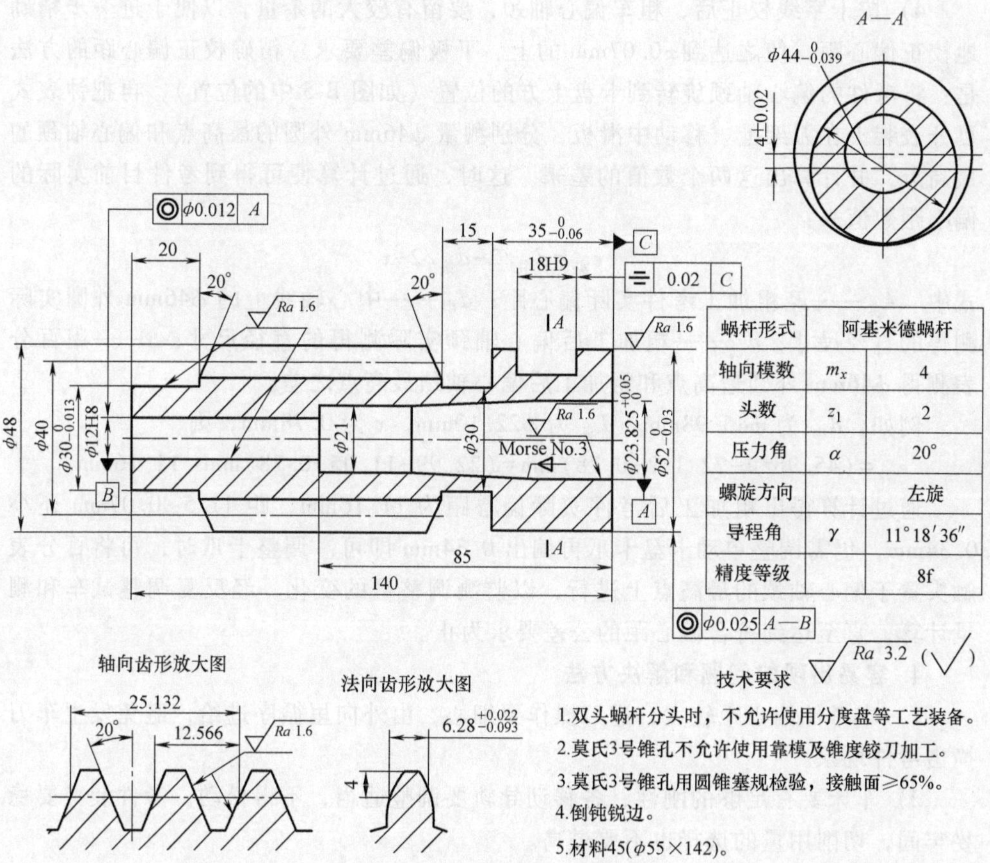

蜗杆形式		阿基米德蜗杆
轴向模数	m_x	4
头数	z_1	2
压力角	α	20°
螺旋方向		左旋
导程角	γ	11°18′36″
精度等级		8f

技术要求

1.双头蜗杆分头时，不允许使用分度盘等工艺装备。

2.莫氏3号锥孔不允许使用靠模及锥度铰刀加工。

3.莫氏3号锥孔用圆锥塞规检验，接触面≥65%。

4.倒钝锐边。

5.材料45(ϕ55×142)。

图 B-6　考核实例 6

6）4±0.02mm。

7）ϕ12H8 孔对莫氏 3 号锥孔同轴度公差 0.012mm。

（2）一般项目

1）*Ra*1.6μm（6 处）。

2）$\phi44_{-0.039}^{\ 0}$mm。

3）$\phi23.825_{\ 0}^{+0.05}$mm。

4）$\phi35_{-0.06}^{\ 0}$mm。

5）18H9。

6）18H9 对相距 $35_{-0.06}^{\ 0}$mm 长的两平面的中心平面的对称度公差 0.02mm。

7）$\phi52_{-0.03}^{\ 0}$mm 外圆对莫氏 3 号锥孔与 ϕ12H8 内孔公共轴线的同轴度公差 0.025mm。

3. 操作要领

1）对偏心距 4±0.02mm 的加工措施，以两顶尖（中心孔 ϕ1mm 或 ϕ1.5mm）装夹粗车 ϕ52mm 外圆至 ϕ53mm，*Ra*1.6μm。在素线上和端向上划中心线。用自定心或单动卡盘找正，用百分表调整使其达到偏心距 4±0.01mm 为止（在端面线的任一线上），钻中心孔。调头，在同一划线方向位置，找正到与前相同的偏心距，钻中心孔。这是保证主要考核项目的其中 4 项的定位基准。

2）在以第 1 中心基准先将蜗杆部分精加工至尺寸后，将 $\phi52_{-0.03}^{0}$mm 和 $\phi30_{-0.013}^{0}$mm 精加工至要求。再以偏心中心孔，加工偏心圆 $\phi44_{-0.039}^{0}$mm，$Ra3.2\mu m$ 至尺寸。

3）以精加工的外圆为定位基准，夹一端架一端，粗精加工莫氏锥孔和圆柱孔。可以调头加工，但都要以 $\phi52$mm 和 $\phi30$mm 两处为找正基准，保证在找正误差 0.01mm 以内。在加工莫氏锥孔时，要注意充分冷却，并要减小切削用量，防止因切削热而产生的热变形，而影响 $\phi52$mm 孔对 A-B 基准的位置精度。

4. 容易出现的问题和解决方法

1）两端偏心孔的方向一致性问题。用打表找正的方法可以控制在 0.01mm 以内，首先在素线上用高度尺划出线显痕迹，然后将百分表的触头顶压在划痕上，移动百分表，观察百分表触头在划痕上移动时，表针的变化情况，用这种方法能够较精确地进行找正。

2）蜗杆的齿厚误差与螺距误差的一致性。在精加工牙面时，要以单向精车为宜，切削力小，不易扎刀。而且要光一刀第 1 头的侧面，调头，光第 2 头的同一个侧面，接着光第 2 头的另一侧面；再分头，光第 1 头的同一个侧面。用小滑板分度时，要注意丝杠的间隙量，要向一个方向转动，避免较大的误差。这样车削一遍后，用齿厚卡尺在相邻的 3 个牙中，两两测量齿距，第 1 牙和第 2 牙测量 1 次，第 2 牙和第 3 牙测量 1 次，看其尺寸误差能反映出分度误差。再单个测量齿厚找出厚齿确定调整方向，来保证齿距与齿厚误差。

3）莫氏锥孔素线不直会影响接触面 65% 的要求。因孔较小较深，切削过程中容易产生让刀。在加工中刀要锋利而且要吃小刀，多进刀可消除让刀而产生的锥度不准。刀具安装刀尖不在中心线位置上是造成素线不直的主要原因，要注意刀具的调整。

附录C 职业技能鉴定国家题库

车工理论知识试卷一

注意事项

1. 考试时间：120min。
2. 本试卷依据2018年颁布的《车工国家职业标准》命制。

	一	二	总分
得分			

一、单项选择题（第1~80题，选择一个正确的答案，将相应的字母填入题内的括号中。每题1分，满分80分。）

得分	
评分人	

1. 职业道德基本规范不包括（　　）。
   A. 爱岗敬业忠于职守　　B. 诚实守信办事公道
   C. 发展个人爱好　　D. 遵纪守法廉洁奉公
2. 敬业就是以一种严肃认真的态度对待工作，下列不符合的是（　　）。
   A. 工作勤奋努力　　B. 工作精益求精
   C. 工作以自我为中心　　D. 工作尽心尽力
3. 遵守法律法规不要求（　　）。
   A. 遵守国家法律和政策　　B. 遵守安全操作规程
   C. 加强劳动协作　　D. 遵守操作程序
4. 具有高度责任心应做到（　　）。
   A. 责任心强，不辞辛苦，不怕麻烦　　B. 不徇私情，不谋私利
   C. 讲信誉，重形象　　D. 光明磊落，表里如一
5. 违反安全操作规程的是（　　）。
   A. 自己制订生产工艺　　B. 贯彻安全生产规章制度
   C. 加强法制观念　　D. 执行国家安全生产的法令、规定
6. 不爱护工、夹、刀、量具的做法是（　　）。
   A. 按规定维护工、夹、刀、量具　　B. 工、夹、刀、量具要放在工作台上
   C. 正确使用工、夹、刀、量具　　D. 工、夹、刀、量具要放在指定地点
7. 当平面平行于投影面时，平面的投影反映出正投影法的（　　）。
   A. 真实性　　B. 积聚性　　C. 类似性　　D. 收缩性
8. 线性尺寸一般公差规定的尺寸公差等级为粗糙级的是（　　）。
   A. f级　　B. m级　　C. c级　　D. v级
9. 不属于几何公差代号的是（　　）。

A. 几何公差特征项目符号　　B. 几何公差框格和指引线
C. 几何公差数值　　D. 公称尺寸

10. 使钢产生冷脆性的元素是（　　）。
A. 锰　　B. 硅　　C. 磷　　D. 硫

11. QT400-15 中的 400 表示（　　）。
A. 抗拉强度不小于 400MPa　　B. 抗拉强度不大于 400MPa
C. 屈服强度不小于 400MPa　　D. 屈服强度不大于 400MPa

12. （　　）是由链条和具有特殊齿形的链轮组成的传递运动和动力的传动。
A. 齿轮传动　　B. 链传动　　C. 螺旋传动　　D. 带传动

13. 齿轮传动是由（　　）、从动齿轮和机架组成的。
A. 圆柱齿轮　　B. 锥齿轮　　C. 主动齿轮　　D. 主动带轮

14. 按齿轮形状不同，可将齿轮传动分为（　　）传动和锥齿轮传动两类。
A. 斜齿轮　　B. 圆柱齿轮　　C. 直齿轮　　D. 齿轮齿条

15. 刀具材料的工艺性包括刀具材料的热处理性能和（　　）。
A. 使用性能　　B. 耐热性　　C. 足够的强度　　D. 耐磨性

16. （　　）用于制造低速手用刀具。
A. 碳素工具钢　　B. 碳素结构钢　　C. 合金工具钢　　D. 高速工具钢

17. 高速工具钢具有硬度高、（　　）好、热硬性高、热处理变形小等特点。
A. 塑性　　B. 耐磨性　　C. 韧性　　D. 强度

18. 常用高速工具钢的牌号有（　　）。
A. YG8　　B. Q235　　C. W18Cr4V　　D. 20

19. （　　）是刀具在进给运动方向上相对于工件的位移量。
A. 切削速度　　B. 进给量　　C. 背吃刀量　　D. 工作行程

20. 车削是工件旋转做主运动，（　　）做进给运动的切削加工方法。
A. 工件旋转　　B. 刀具旋转　　C. 车刀　　D. 工件直线移动

21. 铣削主要用于加工工件的（　　）、沟槽、角度等。
A. 螺纹　　B. 外圆　　C. 平面　　D. 内孔

22. （　　）上装有活动量爪，并装有游标和紧固螺钉的测量工具称为游标卡尺。
A. 尺框　　B. 尺身　　C. 尺头　　D. 微动装置

23. 游标卡尺只适用于（　　）精度尺寸的测量和检验。
A. 低　　B. 中　　C. 高　　D. 中、高

24. 下列哪种千分尺不存在（　　）。
A. 深度千分尺　　B. 螺纹千分尺　　C. 蜗杆千分尺　　D. 公法线千分尺

25. 千分尺微分筒转动一周，测微螺杆移动（　　）mm。
A. 0.1　　B. 0.01　　C. 1　　D. 0.5

26. 百分表的示值范围通常有 0~3mm，0~5mm 和（　　）3 种。
A. 0~8mm　　B. 0~10mm　　C. 0~12mm　　D. 0~15mm

27. 磨削加工的主运动是（　　）。

A. 砂轮旋转　B. 刀具旋转　C. 工件旋转　D. 工件进给

28. 不属于刨床部件的是（　　）。

A. 滑枕　B. 刀架　C. 主轴箱　D. 床身

29. 车床主轴材料为（　　）

A. T8A　B. YG3　C. 45 钢　D. Q235

30. 轴类零件加工顺序安排时应按照（　　）的原则。

A. 先精车后粗车　B. 基准后行　C. 基准先行　D. 先内后外

31. 减速器箱体为剖分式，工艺过程的制订原则与整体式箱体（　　）。

A. 相似　B. 不同　C. 相同　D. 相反

32. 车床主轴箱齿轮齿面加工顺序为滚齿—（　　）—磨齿等。

A. 插齿　B. 插齿　C. 珩齿　D. 铣齿

33. 润滑剂具有润滑作用、冷却作用、防锈作用和（　　）等。

A. 磨合作用　B. 静压作用　C. 稳定作用　D. 密封作用

34. 常用润滑油有机械油及（　　）等。

A. 齿轮油　B. 石墨　C. 二硫化钼　D. 切削液

35. 常用固体润滑剂可以在（　　）下使用。

A. 低温高压　B. 高温低压　C. 低温低压　D. 高温高压

36. （　　）主要起润滑作用。

A. 水溶液　B. 乳化液　C. 切削油　D. 防锈剂

37. 划线基准一般有以下三种：以两个相互垂直的平面（或线）为基准；以一个平面和一条中心线为基准；以（　　）为基准。

A. 一条中心线　B. 两条中心线

C. 一条或两条中心线　D. 三条中心线

38. 錾子的錾身多数呈（　　），以防錾削时錾子转动。

A. 八棱形　B. 六边形　C. 四方形　D. 圆锥形

39. 调整锯条松紧时，翼形螺母旋得太紧锯条（　　）。

A. 易折断　B. 不会折断　C. 锯削省力　D. 锯削费力

40. 钻孔一般属于（　　）。

A. 精加工　B. 半精加工　C. 粗加工　D. 半精加工和精加工

41. 关于主令电器叙述不正确的是（　　）。

A. 行程开关分为按钮式、旋转式和微动式三种

B. 按钮分为常开、常闭和复合按钮

C. 按钮只允许通过小电流

D. 按钮不能实现长距离电器控制

42. 使用钳型电流表应注意（　　）。

A. 被测导线只要在钳口内即可

B. 测量时钳口不必闭合

C. 测量完毕将量程开到最大位置

D. 测量时钳口不必闭合

43. 使用电动机前不必检查（　　）。

A. 接线是否正确　B. 接地是否可靠

C. 功率因数的高低　D. 绝缘是否良好

44. 不符合安全生产一般常识的是（　　）。

A. 工具应放在专门地点　B. 不擅自使用不熟悉的机床和工具

C. 夹具放在工作台上　D. 按规定穿戴好防护用品

45. 可能引起机械伤害的做法是（　　）。

A. 正确使用防护设施　B. 转动部件停稳前不进行操作

C. 转动部件上少放物品　D. 站位得当

46. 环境保护法的基本原则不包括（　　）。

A. 环保和社会经济协调发展　B. 防治结合，综合治理

C. 依靠群众环境保护　D. 开发者对环境质量负责

47. 工业企业对环境污染的防治不包括（　　）。

A. 防治大气污染　B. 防治水体污染

C. 防治噪声污染　D. 防治运输污染

48. 环境保护不包括（　　）。

A. 预防环境恶化　B. 控制环境污染

C. 促进工农业同步发展　D. 促进人类与环境协调发展

49. 蜗杆的零件图采用一个主视图和（　　）的表达方法。

A. 旋转剖视图　B. 局部齿形放大

C. 移出剖面图　D. 俯视图

50. 蜗杆的径向圆跳动公差一般为（　　）。

A. 0.04mm　B. 0.01mm　C. 0.02mm　D. 0.05mm

51. 图样上符号⊥表示的是（　　）公差，称为（　　）。

A. 方向，垂直度　B. 形状，直线度

C. 尺寸，偏差　D. 形状，圆柱度

52. Tr30×6 表示（　　）螺纹，旋向为（　　），螺距为（　　）mm。

A. 矩形，右，12　B. 三角形，右，6

C. 梯形，左，6　D. 梯形，右，6

53. 偏心轴的结构特点是两轴线平行而（　　）。

A. 重合　B. 不重合　C. 倾斜 30°　D. 不相交

54. 平行度、倾斜度同属于（　　）公差。

A. 尺寸　B. 形状　C. 方向　D. 垂直度

55. 齿轮零件的剖视图表示了内花键的（　　）。

A. 几何形状　B. 相互位置　C. 长度尺寸　D. 内部尺寸

56. 齿轮的花键宽度为 $8_{-0.065}^{+0.035}$mm，下极限尺寸为（　　）mm。

A. 7.935　B. 7.965　C. 8.035　D. 8.065

57. C630 型车床主轴部件的材料是（　　）。

A. 铝合金　B. 不锈钢　C. 高速钢　D. 40Gr

58. CA6140型车床尾座的主视图采用（　　），它同时反映了顶尖、丝杠、套筒等主要结构和尾座体、导板等大部分结构。

A. 全剖面　　B. 阶梯剖视　　C. 局部剖视　　D. 剖面图

59. 通过分析装配图，掌握该部件的形体结构，彻底了解（　　）的组成情况，弄懂各零件的相互位置、传动关系及部件的工作原理，想象出各主要零件的结构形状。

A. 零部件　　B. 装配体　　C. 位置精度　　D. 相互位置

60. 画装配图的步骤和画零件图不同的地方主要是：画装配图时要从整个装配体的结构特点、（　　）出发，确定恰当的表达方案，进而画出装配图。

A. 工作原理　　B. 加工原理　　C. 几何形状　　D. 装配原理

61. 粗加工多头蜗杆时，一般使用（　　）卡盘。

A. 偏心　　B. 自定心　　C. 单动　　D. 专用

62. 由两条或两条以上在轴线（　　）的螺旋线所形成的螺纹，称为多线螺纹。

A. 等距分布　　B. 平行分布　　C. 对称分布　　D. 等比分布

63. 通常将深度与直径之比大于（　　）的孔，称为深孔。

A. 3倍　　B. 5倍　　C. 10倍　　D. 8倍

64. 增大装夹时的接触面积，可采用特制的软卡爪和（　　），这样可使夹紧力分布均匀，减小工件的变形。

A. 套筒　　B. 夹具　　C. 开缝套筒　　D. 定位销

65. 编制数控车床加工工艺时，要进行以下工作：分析工件图样、确定工件（　　）方法、选择夹具和刀具和确定切削用量、加工路径并编制程序。

A. 装夹　　B. 加工　　C. 测量　　D. 刀具

66. 刀具从何处切入工件，经过何处，又从何处（　　）等加工路径必须在程序编制前确定好。

A. 变速　　B. 进给　　C. 变向　　D. 退刀

67. 空间直角坐标系中的自由体，共有（　　）个自由度。

A. 7　　B. 5　　C. 6　　D. 8

68. 工件的6个自由度全部被限制，使它在夹具中只有（　　）正确的位置，称为完全定位。

A. 2个　　B. 唯一　　C. 3个　　D. 5个

69. 当定位点（　　）工件应该限制的自由度，使工件不能正确定位时，称为欠定位。

A. 不能在　　B. 多于　　C. 等于　　D. 少于

70. 重复定位能提高工件的（　　），但对工件的定位精度有影响，一般是不允许的。

A. 塑性　　B. 强度　　C. 刚性　　D. 韧性

71. 夹紧要牢固、可靠，并保证工件在加工中（　　）不变。

A. 尺寸　　B. 定位　　C. 位置　　D. 间隙

72. 夹紧力的（　）应与支承点相对，并尽量作用在工件刚性较好的部位，以减小工件变形。

A. 大小　B. 切点　C. 作用点　D. 方向

73. 偏心夹紧装置中，偏心轴的转动中心与几何中心（　）。

A. 垂直　B. 不平行　C. 平行　D. 不重合

74. 加工细长轴要使用（　）和跟刀架，以增加工件的安装刚性。

A. 顶尖　B. 中心架　C. 自定心卡盘　D. 夹具

75. 偏心工件的主要装夹方法有：（　）装夹、单动卡盘装夹、自定心卡盘装夹、偏心卡盘装夹、双重卡盘装夹、专用偏心夹具装夹等。

A. 台虎钳　B. 一夹一顶　C. 两顶尖　D. 分度头

76. 当定位心轴的位置确定后，可把心轴取下，在定位心轴上套上工件，然后以工件（　）找正后夹紧，即可车削第二个孔。

A. 侧面　B. 前面　C. 正面　D. 右面

77. 两个平面互相（　）的角铁称为直角角铁。

A. 平行　B. 垂直　C. 重合　D. 不相连

78. 直接计算法是依据零件图样上给定的尺寸，运用代数、三角、几何或（　）几何的有关知识，直接计算出所求点的坐标。

A. 解析　B. 立体　C. 画法　D. 平面

79. 数控车床以主轴轴线方向为（　）轴方向，刀具远离工件的方向为 Z 轴的正方向。

A. Z　B. X　C. Y　D. 坐标

80. 参考点与机床原点的相对位置由 Z 向、X 向的（　）挡块来确定。

A. 测量　B. 电动　C. 液压　D. 机械

二、判断题（第 81~100 题，将判断结果填入括号中，正确的填“√”，错误的填“×”。每题 1 分，满分 20 分。）

得分	
评分人	

（　）81. 职业道德是社会道德在职业行为和职业关系中的具体表现。

（　）82. 职业道德的实质内容是建立全新的社会主义劳动关系。

（　）83. 工作场地保持清洁，有利于提高工作效率。

（　）84. 整洁的工作环境可以振奋职工精神，提高工作效率。

（　）85. 国标中规定，字体应写成仿宋体。

（　）86. 球墨铸铁中的石墨常以团絮状形式存在。

（　）87. 中温回火的温度一般为 150~250℃。

（　）88. 带传动由齿轮和带组成。

（　）89. 碳素工具钢和合金工具钢用于制造中、低速成形刀具。

（　）90. 用百分表测量时，测量杆与工件表面应垂直。

（　）91. CA6140 型普通车床主电动机必须进行电气调速。

（　　）92. 企业的质量方针是每个技术人员（一般工人除外）必须认真贯彻的质量准则。

（　　）93. 画零件图时，如果按照正投影画出它们的全部轮齿和牙型的真实图形，不仅非常复杂，也没有必要。

（　　）94. CA6140 型车床尾座压紧在床身上，扳动手柄带动偏心轴转动，可使拉杆带动杠杆和压板升降，这样就可以压紧或松开尾座。

（　　）95. 采用两顶尖偏心中心孔的方法加工曲轴时，应选用工件外圆为精基准。

（　　）96. 外圆与内孔的轴线不重合的工件称为偏心套。

（　　）97. 数控车床的进给系统与普通车床没有着根本的区别。

（　　）98. 数控机床的辅助装置包括液压、气动装置及冷却系统、润滑系统和排屑装置等。

（　　）99. 当工件以外圆定位时，常用螺母式夹紧装置，使用开口垫圈可使工件卸下更方便。

（　　）100. 目前，数控车床使用最普遍的是立方氮化硼刀具和高速工具钢刀具。

车工理论知识试卷二

注意事项

1. 考试时间：120min。

2. 本试卷依据 2018 年颁布的《车工国家职业标准》命制。

	一	二	总分
得分			

一、单项选择题（第 1～80 题，选择一个正确的答案，将相应的字母填入题内的括号中。每题 1 分，满分 80 分。）

得分	
评分人	

1. 机床坐标系是机床（　　）的坐标系，其坐标轴的方向、原点是设计和调试机床时已确定的，是不可变的。

A. 特定　　B. 固有　　C. 自身　　D. 使用

2. 工件原点设定的依据是：既要符合图样尺寸的标注习惯，又要便于（　　）。

A. 操作　　B. 计算　　C. 观察　　D. 编程

3. 如需数控车床采用半径编程，则要改变系统中的相关参数，使（　　）处于半径编程状态。

A. 系统　　B. 主轴　　C. 滑板　　D. 电动机

4. 插补过程可分为 4 个步骤：偏差判别、坐标（　　）、偏差计算和终点判别。

A. 进给　　B. 判别　　C. 设置　　D. 变换

5. 逐点比较法直线插补中，由偏差值就可以判断出当前刀具（　　）点与直线的相对位置。

A. 切削　　B. 交　　C. 圆　　D. 起始

6. 加工圆弧时，若当前刀具的切削点在圆弧上或其外侧时，应向 $-X$ 方向发一个（　　），使刀具向圆弧内前进一步。

A. 脉冲　　B. 传真　　C. 指令　　D. 信息

7. G21 代码是米制输入功能，它是（　　）组非模态 G 代码。

A. 10　　B. 04　　C. 06　　D. 05

8. G27 代码是参考点返回检验功能，它是 FANUC　6T 数控车床系统的（　　）功能。

A. 基本　　B. 特殊　　C. 区域　　D. 选择

9. G32 代码是螺纹切削功能，它是（　　）数控车床系统的基本功能。

A. FANUC　6T　　B. FANUC　Oi

C. SIEMENS　802D　　D. SIEMENS　810E

10. G40 代码是（　　）刀尖半径补偿功能，它是数控系统通电后刀具的起始状态。

A. 取消 B. 检测 C. 输入 D. 计算

11. G50 代码在 FANUC 6T 数控车床系统中是（ ）设定和主轴最大速度限定功能。

A. 坐标系 B. 零点偏置 C. 进给 D. 参数

12. G73 代码是 FANUC 数控（ ）床系统中的固定形状粗加工复合循环功能。

A. 钻 B. 铣 C. 车 D. 磨

13. G76 代码是 FANUC 6T 数控车床系统中的（ ）螺纹复合循环功能。

A. 单线 B. 多线 C. 寸制 D. 梯形

14. （ ）代码是 FANUC OTE-A 数控车床系统中的每转进给量功能。

A. G94 B. G98 C. G97 D. G99

15. 在完成编有 M00 代码的程序段中的其他指令后，主轴停止、进给停止、（ ）关断、程序停止。

A. 刀具 B. 面板 C. 切削液 D. G 功能

16. M02 功能代码常用于程序（ ）及卷回纸带到“程序开始”字符。

A. 输入 B. 复位 C. 输出 D. 存储

17. 辅助功能指令，由字母 M 和其后的（ ）位数字组成。

A. 1 B. 3 C. 若干 D. 2

18. M98 指令功能代码是调用子程序，即将主程序转至（ ）程序。

A. 相应 B. 段 C. 宏 D. 子

19. G98 指令在 FANUC OTE-A 数控车床系统中“F20 36”表示进给速度为（ ）mm/min。

A. 20 B. 36 C. 20.36 D. 20 或 36

20. 刀具功能是用字母 T 和其后的（ ）数字来表示。

A. 3 位 B. 2 位 C. 4 位 D. 任意

21. 主轴转速指令功能是由字母（ ）和其后的数字来表示。

A. U B. W C. D D. S

22. G50 指令所建立的坐标系，X 方向的（ ）零点在主轴回转中心线上。

A. 机械 B. 坐标 C. 机床 D. 编程

23. 在程序中，应用第一个 G01 指令时，一定要规定一个（ ）指令，在以后的程序段中，在没有新的 F 指令以前，进给量保持不变。

A. S B. M C. T D. F

24. G02 指令格式为：G02 X(U)_Z(W)_I_K( )_。

A. T B. F C. C D. L

25. G02 及 G03 方向的判别方法：对于（ ）平面，从 Y 轴正方向看，顺时针方向为 G02，逆时针方向为 G03。

A. X、Z B. 水 C. 铅垂 D. Y、Z

26. 圆弧插补（G02、G03）指令中 I、K 是增量又是矢量，具有（ ）性，所以带有正负号。

A. 一致　　B. 规范　　C. 特殊　　D. 方向

27. 当用半径 R 指定圆心位置时，在同一半径 R 的情况下，从圆弧的起点到终点有（　）圆弧的可能性。

A. 三个　　B. 两个　　C. 若干　　D. 许多

28. 对于圆锥螺纹其半锥角 $\alpha<45°$ 时，螺纹（　　）以 Z 轴方向的值指令；当 $\alpha>45°$ 时，以 X 轴方向的值指令。

A. 螺距　　B. 导程　　C. 牙型　　D. 锥角

29. 螺纹加工时应注意在（　　）设置足够的升速进刀段和降速退刀段，其数值可由主轴转速和螺纹导程来确定。

A. 尾部　　B. 前端　　C. 两端　　D. 头部

30. 加工螺距为 2mm 圆柱螺纹，牙深为 1.299mm，其第 1 次背吃刀量为（　）mm。

A. 1.0　　B. 0.9　　C. 0.8　　D. 0.7

31. 粗车时为了提高生产率，选用切削用量时，应首先选取较大的（　）。

A. 背吃刀量　　B. 进给量

C. 切削速度　　D. 背吃刀量、进给量、切削速度都可

32. 变导程螺纹加工是通过增加或减少螺纹（　　）导程量的指令来实现可变导程的螺纹加工的。

A. 每条　　B. 每毫米　　C. 每扣　　D. 每转

33. G90 指令中的 R 值以（　　）值表示，其正负符号取决于锥端面位置。

A. 实际　　B. 增量　　C. 绝对　　D. 半径

34. 螺纹加工循环指令中 I 为锥螺纹始点与终点的半径（　　），I 值正负判断方法与 G90 指令中 R 值的判断方法相同。

A. 和　　B. 差　　C. 积　　D. 平方

35. 编程时，刀具位置补偿一般以其中一个刀具为基准，并以该刀具的刀尖位置为依据建立（　　）坐标系。

A. 机床　　B. 机械　　C. 空间　　D. 工件

36. 具有刀具半径补偿功能的数控车床在编程时，不用计算刀尖半径中心轨迹，只要按工件（　　）轮廓尺寸编程即可。

A. 理论　　B. 实际　　C. 模拟　　D. 外形

37. 刀具补偿号可以是（　　）中的任意一个数，刀具补偿号为 00 时，表示取消刀具补偿。

A. 00~32　　B. 01~20　　C. 21~32　　D. 10~40

38. 对应每个刀具补偿号，都有一组偏置量 X、Z，刀具半径补偿量 R 和刀尖（　　）号 T。

A. 方位　　B. 编　　C. 尺寸　　D. 补偿

39. 操作者必须严格按操作步骤操作车床，未经（　　）者同意，其他人员不许私自开动。

A. 领导　　B. 主任　　C. 操作　　D. 厂长

40. 手工编程指从分析零件图样、确定加工（　　）过程、数值计算、编写零件加工程序单、制备控制介质到程序校验都是由人工完成。

A. 路线　　B. 步骤　　C. 工艺　　D. 特点

41. 自动编程软件是（　　）的数控软件，只有在计算机内配备这种软件时，才能进行自动编程。

A. 通用　　B. 集成　　C. 单独　　D. 专用

42. 语言式自动编程是由编程人员用一种专用的数控编程语言（　　）整个零件的加工过程，即编制出零件加工源程序。

A. 写出　　B. 描述　　C. 编辑　　D. 计算

43. 机内对刀多用于数控车床，根据其对刀原理，机内对刀又可分为试切法和（　　）法。

A. 自测　　B. 计算　　C. 测量　　D. 仪器测量

44. 当对刀仪在数控车床上固定后，（　　）点相对于车床坐标系原点尺寸距离是固定不变的，该尺寸值由车床制造厂通过精确测量，预置在车床参数内。

A. 对刀　　B. 参考　　C. 基准　　D. 设定

45. 在紧急状态下按急停按钮，车床即停止运动，数控系统（　　），如机床有回零要求和软件超程保护，在按急停按钮后，机床必须重新回零，否则刀架的超程保护将不起作用。

A. 复位　　B. 关闭　　C. 清零　　D. 断电

46. OPR ALARM 键的功能是（　　）显示。

A. 版本号　　B. 报警　　C. 程序号　　D. 顺序号

47. PRGRM 键的用途是在（　　）方式，编辑和显示内存中的程序，在 MDI 方式，输入和显示 MDI 数据。

A. 编辑　　B. 手动　　C. 自动　　D. 单段

48. 取消键 CAN 的用途是消除输入（　　）器中的文字或符号。

A. 缓冲　　B. 寄存　　C. 运算　　D. 处理

49. 输入程序操作步骤：①选择（　　）方式；②按“PRGRM”键；③输入地址 0 和 4 位数程序号，按“INSRT”键将其存入存储器，并以此方式将程序内容依次输入。

A. AUTO　　B. JOG　　C. EDIT　　D. STEP

50. 自动状态操作步骤：①选择要（　　）的程序；②将状态开关置于“AUTO”位置；③按“循环启动”按钮，开始自动运转，循环启动灯亮。

A. 编辑　　B. 运行　　C. 修改　　D. 插入

51. 在 MDI 状态下，按（　　）功能的“PRGRM”键，屏幕上显示 MDI 方式。

A. 辅助　　B. 进给　　C. 主　　D. 子

52. “ZRN”键是使数控系统处于（　　）状态。

A. 自动　　B. 编辑　　C. 空运转　　D. 回零

53. 当机床刀架回到（　　），“点动”按钮指示灯亮，表示刀架已回到机床零点位置。

A. 原点　　B. 始点　　C. 终点　　D. 零点

54. 将“状态开关”选在“点动”位置，通过“步进选择”开关选择0.001～1mm的单步进给量，每按一次“点动”按钮，（　　）架将移动0.001～1mm的距离。

A. 交换齿轮　　B. 中心　　C. 跟刀　　D. 刀

55. 当“快移倍率开关”置于F0位置时，执行低速快移，设定Z轴低速快移的速度为（　　）m/min。

A. 12　　B. 18　　C. 4　　D. 20

56. 液压卡盘必须处于（　　）状态，才能起动主轴。

A. 工作　　B. 静止　　C. 夹紧　　D. JOG

57. 当在自动工作状态时，按（　　）按钮主轴停止转动。

A. 选择停止　　B. 主轴停止　　C. 取消　　D. 循环停止

58. 车床在自动循环工作中，当程序中有（　　）（选择停）指令时，车床将停止工作。

A. M03　　B. M05　　C. M04　　D. M01

59. 当第二次按下“程序段跳过”按钮，指示灯灭，表示取消“程序段跳过”功能。此时程序中的“/”标记无效，程序中所有程序段将被（　　）执行。

A. 依次　　B. 禁止　　C. 同时　　D. 选择

60. 按一下空运转选择按钮，指示灯亮，表示“空运转”功能有效，此时运行程序中所有（　　）代码均无效，车床的进给按“进给倍率选择开关”所选定的进给量来执行。

A. G　　B. F　　C. L　　D. M

61. “冷却按钮”的开、关，可在（　　）情况下，随时控制切削液的开关。

A. 特殊　　B. 一般　　C. 任何　　D. 单独

62. “程序保护开关”在有效位置时，（　　）程序将受到保护，即不能进行程序的输入、编辑和修改。

A. 内存　　B. 用户　　C. 宏　　D. 应用

63. 当车床刀架移动到工作区极限时，压住（　　）开关，刀架运动停止，控制机构出现超程报警信息，机床不能工作。

A. 控制　　B. 状态　　C. 限位　　D. 超程

64. 自动注油是在自动循环操作中，每隔20min自动注油一次，间隔时间也可通过修改（　　）参数来调整。

A. R　　B. F　　C. PC　　D. OC

65. 程序段“N0025　G90　X60.0　Z-35.0　R-5.0　F3.0;”中，R为工件被加工锥面大小端半径差，其值为（　　）mm，方向为（　　）。

A. 5.0 负　　B. 5.0 正　　C. 5.0 向后　　D. 2.5 负

66. 程序段“N0045　G32　Z-36.0　F4.0;”表示圆柱螺纹加工，螺距为

（　）mm，进给距离为（　）mm，方向为负。

A. 32　4　　B. 43　2　　C. 40　3.2　　D. 6　32

67. 当检验高精度轴向尺寸时，量具应选择：检验（　　）、量块、百分表及活动表架等。

A. 弯板　　B. 平板　　C. 量规　　D. 水平仪

68. 用（　　）的压力把两个量块的测量面相贴合，就可牢固地粘合成一体。

A. 一般　　B. 较大　　C. 很大　　D. 较小

69. 量块使用后应擦净，（　）装入盒中。

A. 涂油后　　B. 包好后　　C. 密封后　　D. 轻轻

70. 测量偏心距时，用顶尖顶住基准部分的中心孔，百分表测头与偏心部分外圆接触，用手转动工件，百分表读数最大值与最小值之差的（　）就是偏心距的实际尺寸。

A. 一半　　B. 二倍　　C. 一倍　　D. 尺寸

71. 测量两平行非完整孔的（　　）时应选用内径百分表、内径千分尺、千分尺等。

A. 位置　　B. 长度　　C. 偏心距　　D. 中心距

72. 测量两平行非完整孔的中心距时，用内径百分表或杆式内径千分尺直接测出两孔间的最大距离，然后减去两孔实际半径之（　　），所得的差即为两孔的中心距。

A. 积　　B. 差　　C. 和　　D. 商

73. 用正弦规检验锥度的方法：先从有关表中查出莫氏圆锥的圆锥角 α，算出圆锥（　　）$\alpha/2$。

A. 斜角　　B. 全角　　C. 补角　　D. 半角

74. 正弦规由工作台、两个直径相同的精密圆柱、（　　）挡板和后挡板等零件组成。

A. 下　　B. 前　　C. 后　　D. 侧

75. 使用正弦规测量时，当用百分表检验工件圆锥上素线两端高度时，若两端高度不相等，说明工件的角度或锥度有（　　）。

A. 误差　　B. 尺寸　　C. 度数　　D. 极限

76. 测量外圆锥体的量具有检验平板、两个直径相同的圆柱形检验棒、（　　）等。

A. 直角尺　　B. 深度尺　　C. 千分尺　　D. 金属直尺

77. 测量外圆锥体时，将工件的小端立在检验平板上，两量棒放在平板上紧靠工件，用千分尺测出两量棒之间的距离，通过（　　）即可间接测出工件小端直径。

A. 换算　　B. 测量　　C. 比较　　D. 调整

78. 将工件圆锥套立在检验平板上，将直径为 D 的小钢球放入孔内，用深度千分尺测出钢球最高点距工件（　　）的距离。

A. 外圆　　B. 心　　C. 端面　　D. 孔壁

79. 多线螺纹的量具、辅具有游标卡尺．（　　）千分尺、量针、齿轮卡尺等。

A. 测微　　B. 公法线　　C. 轴线　　D. 厚度

80. 测量法向齿厚时，先把游标高度卡尺调整到齿顶高尺寸，同时使游标厚度卡尺的（　　）面与齿侧平行，这时游标高度卡尺测得的尺寸就是法向齿厚的实际尺寸。

A. 侧　　B. 基准　　C. 背　　D. 测量

二、判断题（第 81~100 题，将判断结果填入括号中，正确的填“√”，错误的填“×”。每题 1 分，满分 20 分。）

得分	
评分人	

（　　）81. 数控车床保证刀片与刀柄的转位准确、装拆方便。

（　　）82. 在计算直线与圆弧交点时，要注意将小数点后面的位数留够，以保证足够的精度。

（　　）83. 以工件原点为坐标原点建立一个 Z 轴与 Y 轴的直角坐标系，称为工件坐标系。

（　　）84. 在数控系统中使用最多的插补方法是逐点比较法。

（　　）85. G99 功能代码表示每分钟进给量。

（　　）86. G04 指令中 P 后面的数字为整数，单位为 ms；X（U）后面的数字为带小数点的数，单位为 s。

（　　）87. 计算公式 $\delta_1=0.0015nP$ 中，n 表示主轴转速；P 表示螺纹导程。

（　　）88. 被主程序调用的子程序还可以再调用其他子程序，主程序也可重复调用子程序多次。

（　　）89. 接通电源后，检查操作面板上的各指示灯是否正常，各按钮、开关是否处于正确位置。

（　　）90. 车床运转中，主轴、滑板处是否有异常噪声不属于数控车床的日常保养。

（　　）91. 操作者可以超性能使用数控车床。

（　　）92. 图形交互式自动编程系统的图形显示能力很强。

（　　）93. 进给倍率选择开关在点动进给操作时，可以选择转速 1200r/min。

（　　）94. 在状态选择开关处于“手动数据输入”“自动状态”的位置时，“循环启动”按钮不起作用。

（　　）95. 测量高精度轴向尺寸时，注意将工件两端面擦净。

（　　）96. 锥齿轮的最大外径尺寸是 150mm。

（　　）97. 锥齿轮的理论交点可以用量具直接测量。

（　　）98. 测量偏心距为 5mm 的偏心轴时，工件旋转一周，百分表指针应转动 5 圈。

（　　）99. Tr36×12（P6）表示公称直径为 ϕ36mm 的梯形双头螺纹，螺距为 6mm。

（　　）100. 蜗杆的大径不能直接用游标卡尺测量。

车工理论知识试卷三

注意事项

1. 考试时间：120min。
2. 本试卷依据2018年颁布的《车工国家职业标准》命制。

	一	二	总分
得分			

一、单项选择题（第1~80题，选择一个正确的答案，将相应的字母填入题内的括号中。每题1分，满分80分。）

得分	
评分人	

1. 物体三视图的投影规律是：主、俯视图（　　）。
A. 长对正　B. 高平齐　C. 宽相等　D. 上下对齐
2. 外螺纹的规定画法是牙顶（大径）及螺纹终止线用（　　）表示。
A. 细实线　B. 细点画线　C. 粗实线　D. 波浪线
3. 退刀槽和越程槽的尺寸可标注成（　　）。
A. 槽深×直径　B. 槽宽×槽深　C. 槽深×槽宽　D. 直径×槽深
4. 同一表面有不同表面粗糙度要求时，须用（　　）分出界线，分别标出相应的尺寸和代号。
A. 点画线　B. 细实线　C. 粗实线　D. 虚线
5. 绘制零件工作图一般分四步，第一步是（　　）。
A. 选择比例和图幅　B. 看标题栏
C. 布置图画　D. 绘制草图
6. 零件的加工精度包括（　　）。
A. 尺寸精度、几何精度　B. 尺寸精度
C. 尺寸精度、形位精度和表面粗糙度　D. 几何形状精度和相互位置精度
7. 定位基准应从与（　　）有相对位置精度要求的表面中选择。
A. 加工表面　B. 被加工表面　C. 已加工表面　D. 切削表面
8. 为以后的工序提供定位基准的阶段是（　　）。
A. 粗加工阶段　B. 半精加工阶段　C. 精加工阶段　D. 三阶段皆可
9. 某一表面在一道工序中所切除的金属层深度为（　　）。
A. 加工余量　B. 背吃刀量　C. 工序余量　D. 总余量
10. 把零件按误差大小分为几组，使每组的误差范围缩小的方法是（　　）。
A. 直接减小误差法　B. 误差转移法
C. 误差分组法　D. 误差平均法
11. 调质一般安排在（　　）进行。
A. 毛坯制造之后　B. 粗加工之前

C. 精加工之后、半精加工之前　　D. 精加工之前

12. 梯形螺纹的（　　）是公称直径。

A. 外螺纹大径　B. 外螺纹小径　C. 内螺纹大径　D. 内螺纹小径

13. 精车梯形螺纹时，为了便于左右车削，精车刀的刀头宽度应（　　）牙槽底宽。

A. 小于　B. 等于　C. 大于　D. 超过

14. 车削右螺纹时，因受螺旋运动的影响，车刀左刃前角、右刃后角（　　）。

A. 不变　B. 增大　C. 减小　D. 相等

15. 高速车削螺纹时，硬质合金螺纹车刀的刀尖角应（　　）螺纹的牙型角。

A. 大于　B. 等于

C. 小于　D. 大于、小于或等于

16. 轴向直廓蜗杆在垂直于轴线的截面内齿形是（　　）。

A. 延长渐开线　B. 渐开线

C. 螺旋线　D. 阿基米德螺旋线

17. 标准直齿圆柱齿轮，齿顶圆直径为 84mm，模数为 2mm，其分度圆直径为（　　）mm。

A. 95　B. 56　C. 80　D. 90

18. 用齿轮卡尺测量蜗杆的（　　）齿厚时，应把齿高卡尺的读数调整到齿顶高尺寸。

A. 周向　B. 径向　C. 法向　D. 轴向

19. 沿两条或两条以上在（　）等距分布的螺旋线所形成的螺纹称为多线螺纹。

A. 轴向　B. 法向　C. 径向　D. 圆周

20. 车削多线螺纹用分度盘分线时，仅与螺纹（　　）有关，与其他参数无关。

A. 中径　B. 模数　C. 线数　D. 小径

21. 在丝杠螺距为 6mm 的车床上，车削（　　）螺纹不会产生乱牙。

A. M8　B. M12　C. M16　D. M20

22. 在高温下能够保持刀具材料切削性能的是（　　）。

A. 硬度　B. 耐热性　C. 耐磨性　D. 强度

23. 硬质合金的耐热温度为（　　）。

A. 300~400℃　B. 500~600℃　C. 800~1000℃　D. 1100~1300℃

24. 车刀安装的高低对（　　）有影响。

A. 主偏角　B. 副偏角　C. 前角　D. 刀尖角

25. 成形车刀的前角取（　　）。

A. 较大　B. 较小　C. 0°　D. 20°

26. 切断刀的副后角应选（　　）。

A. 6°~8°　B. 1°~2　C. 12°　D. 5°

27. 控制切屑排屑方向的角度是（　　）。

A. 主偏角　　B. 前角　　C. 刃倾角　　D. 后角

28. 切削层的尺寸规定在刀具（　　）中测量。

A. 切削平面　　B. 基面　　C. 正交平面　　D. 主后面

29. 高速切削塑性金属材料时，若没有采用适当的断屑措施，则形成（　　）切屑。

A. 挤裂　　B. 崩碎　　C. 带状　　D. 螺旋

30. 产生积屑瘤的最主要因素是（　　）。

A. 工件材料　　B. 切削速度　　C. 刀具前角　　D. 刀具后角

31. 刀尖圆弧半径增大，会使背向切削力 F（　　）。

A. 无变化　　B. 有所增加　　C. 增加较多　　D. 增加很多

32. 一台 C620-1 车床，$P_E = 7\text{kW}$，$\eta = 0.8$，如果要在该车床上以 80m/min 的速度车短轴，这时根据计算得到横向进给力 $F_C = 4800\text{N}$，则这台车床（　　）。

A. 不一定能切削　　B. 不能切削

C. 可以切削　　D. 一定可以切割

33. 在切削金属材料时，属于正常磨损中最常见的情况是（　　）磨损。

A. 前面　　B. 后面　　C. 前、后面　　D. 切削平面

34. 下列因素中对刀具寿命影响最大的是（　　）。

A. 背吃刀量　　B. 进给量　　C. 切削速度　　D. 车床转速

35. 使用（　　）可延长刀具寿命。

A. 润滑液　　B. 切削液　　C. 清洗液　　D. 防锈油

36. 刃磨时对切削刃的要求是（　　）。

A. 刃口表面粗糙度值小、锋利　　B. 刃口平直、光洁

C. 刃口平整、锋利　　D. 刃口平直、表面粗糙度值小

37.（　　）砂轮适于刃磨高速钢车刀。

A. 碳化硼　　B. 金刚石　　C. 碳化硅　　D. 氧化铝

38. 被加工材料的（　　）和金相组织对其表面粗糙度影响最大。

A. 强度　　B. 硬度　　C. 塑性　　D. 韧性

39. 硬质合金可转位车刀的特点是（　　）。

A. 节省装刀时间　　B. 不易打刀

C. 夹紧力大　　D. 刀片耐用

40. 使用硬质合金可转位刀具，必须选择（　　）。

A. 合适的刀杆　　B. 合适的刀片

C. 合理的刀具角度　　D. 合适的切削用量

41. 修磨麻花钻横刃的目的是（　　）。

A. 缩短横刃，降低切削力　　B. 减小横刃处前角

C. 增大或减小横刃处前角　　D. 增加横刃强度

42. 夹具中的（　　）装置能保证工件的正确位置。

A. 平衡　　B. 辅助　　C. 夹紧　　D. 定位

43. 应尽可能选择（　　）基准作为精基准。

A. 定位　　B. 设计　　C. 测量　　D. 工艺

44. 任何一个未被约束的物体，在空间都具有进行（　　）运动的可能性。

A. 6 种　　B. 5 种　　C. 4 种　　D. 3 种

45. 工件以两孔一面定位，限制了（　　）自由度。

A. 6 个　　B. 5 个　　C. 4 个　　D. 3 个

46. 轴类零件用双中心孔定位，能消除（　　）自由度。

A. 3 个　　B. 4 个　　C. 5 个　　D. 6 个

47. 关于过定位，下列说法正确的是（　　）。

A. 过定位限制的自由度数目一定超过 6 个

B. 过定位绝对禁止使用

C. 如果限制的自由度数目小于 4 个就不会出现过定位

D. 过定位一定存在定位误差

48. 当以锥度心轴定位孔类工件时，锥度 C 值对定位精度的影响是（　　）。

A. C 值越大，定位精度越高　　B. C 值越小，定位精度越高

C. 定位精度与 C 值无关系　　D. C 值一定时定位精度最高

49. 在确定夹紧力方向时，夹紧力应垂直于工件的（　　）。

A. 主要定位基准　B. 辅助基准　　C. 次要定位基准　　D. 装配基准面

50. 当斜楔与工件、夹具体间的摩擦角分别为 ψ_1 和 ψ_2 时，要想使斜楔夹紧机构能自锁，那么斜楔升角 α 应满足（　　）。

A. $\alpha=\psi_1+\psi_2$　　B. $\alpha>\psi_1+\psi_2$　　C. $\alpha<\psi_1+\psi_2$　　D. $\alpha=30°$

51. 机床夹具的标准化要求是（　　）。

A. 夹具结构、夹具零部件全部标准化

B. 夹具结构标准化，夹具零部件不必标准化

C. 夹具结构和夹具零部件全部不标准化

D. 只有夹具零部件标准化，夹具结构不标准化

52. 一个尺寸链封闭环的数目（　　）。

A. 一定有 2 个　B. 一定有 3 个　　C. 只有 1 个　　D. 可能有 3 个

53. 对零件图进行工艺分析时，除了对零件的结构和关键技术问题进行分析外，还应对零件的（　　）进行分析。

A. 基准　　B. 精度

C. 技术要求　　D. 精度和技术要求

54. 为了去除由于塑性变形、焊接等原因造成的缺陷和铸件内存在的残余应力而进行的热处理称为（　　）。

A. 完全退火　　B. 球化退火　　C. 去应力退火　　D. 正火

55. （　　）质轻而坚硬，其机械强度可与一般钢材相比。

A. 橡胶　　B. 玻璃钢　　C. 有机玻璃　　D. 夹布胶木

56. 有一长径比为 30、台阶较多且同轴度要求较高的细长轴，需多次以两端中心孔定位来保证同轴度，采用（　　）装夹方法比较适宜。

A. 两顶尖　　B. 一夹一顶　　C. 一夹一拉　　D. 一夹一搭

57. 因渗碳主轴工艺比较复杂，渗碳前最好绘制（　）。

A. 工艺草图　　B. 局部剖视图　　C. 局部放大图　　D. 零件图

58. 中心孔的精度是保证主轴质量的一个关键因素。光整加工时，要求中心孔与顶尖的接触面积达到（　）以上。

A. 50%　　B. 60%　　C. 70%　　D. 80%

59. 薄壁工件刚性差时，车刀的前角和后角应选（　）。

A. 大些　　B. 小些　　C. 负值　　D. 零值

60. 加工重要的箱体零件，为提高加工精度的稳定性，在粗加工后还需要安排一次（　）。

A. 自然时效　　B. 人工时效　　C. 调质　　D. 正火

61. 车削（　）螺纹时，车床在完成主轴转一转、车刀移动一个螺距的同时，还按工件要求利用凸轮机构传给刀架一个附加的进给运动，使车刀在工件上形成所需的螺纹。

A. 矩形　　B. 锯齿形　　C. 平面　　D. 不等距

62. 装夹复杂工件时，夹紧力作用位置应指向（　）定位基准面，并尽可能与支承部分的接触面相对应。

A. 主要　　B. 次要　　C. 导向　　D. 止推

63. 精密丝杠加工时的定位基准面是（　），为保证精密丝杠的精度，必须在加工过程中保证定位基准的质量。

A. 外圆和端面　　B. 端面和中心孔　　C. 中心孔和外圆　　D. 外圆和轴肩

64. 选用负前角车刀加工螺纹，车刀装好后的实际工作前角为零度，不会产生（　）的误差

A. 牙型角　　B. 螺距　　C. 中径　　D. 顶径

65. 用高速钢车刀车精度较高的螺纹时，其纵向前角应为（　），才能车出较正确的牙形。

A. 正值　　B. 负值　　C. 零值　　D. 正负值均可

66. 能保证平均传动比准确的是（　）。

A. 带传动　　B. 链传动　　C. 斜齿轮传动　　D. 蜗杆传动

67. 精车大模数蜗杆时，必须使车刀左右切削刃组成的平面处于水平状态，并与工件中心等高，以减少（　）误差。

A. 齿距　　B. 导程　　C. 齿形　　D. 齿厚

68. 加工成形面时，所加工的整个复杂形面无论分成多少个简单形面，其（　）基准都应保持一致，并与整体形面的基准相重合。

A. 设计　　B. 定位　　C. 测量　　D. 装配

69.（　）成形刀主要用于加工较大直径零件和外成形表面。

A. 普通　　B. 菱形　　C. 圆形　　D. 复杂

70. 用分形样板和整形样板测量成形面工件，应使样板基准面和工件基准面靠近，并注意透光，透光度越大，说明误差（　）。

A. 越小　　　　B. 越大　　　　C. 为零　　　　D. 不变

71. 深孔加工需要解决的关键技术可以归纳为深孔刀具（　　）的确定和切削时的冷却排屑问题。

A. 种类　　　　B. 几何形状　　　　C. 材料　　　　D. 加工方法

72. 利用内排屑深孔钻加工深孔时，产生喇叭口的原因是（　　）。

A. 衬套尺寸超差　B. 进给量不正确　C. 切削刃太钝　D. 切削液类型差

73. 通常情况下，偏心零件粗车时以（　　）类硬质合金为车刀切削部分材料。

A. P　　　　B. YG　　　　C. M　　　　D. YT

74. 精密偏心工件偏心距较小时，可直接采用（　　）检测。

A. 百分表　　　　B. 千分表　　　　C. 游标卡尺　　　　D. 外径千分尺

75. 曲轴的直径较大或曲轴颈偏心距较小时，可以直接用（　　）。

A. 两顶尖　　　　B. 偏心卡盘　　　　C. 专用偏心夹具　D. 偏心夹板

76. 加工曲轴时，中心孔钻得不正确，会增大曲柄颈和主轴颈间的（　　）误差。

A. 圆度　　　　B. 平行度　　　　C. 直线度　　　　D. 对称度

77. 使用双面游标卡尺测量孔径，读数值应加上两爪的（　　）。

A. 长度　　　　B. 宽度　　　　C. 厚度　　　　D. 高度

78. 杠杆卡规是属于（　　）量仪的一种测量仪器。

A. 光学　　　　B. 气动　　　　C. 电动　　　　D. 机械

79. 钟表式百分表是属于（　　）量仪的一种测量仪器。

A. 平面度　　　　B. 直线度　　　　C. 垂直度　　　　D. 圆度

80. （　　）按结构可分为转台式和转轴式两大类。

A. 测微仪　　　　B. 比较仪　　　　C. 垂直度仪　　　　D. 圆度仪

二、判断题（第 81~100 题，将判断结果填入括号中，正确填“√”，错误填“×”。每题 1 分，满分 20 分。）

得分	
评分人	

（　）81. 与已知圆外切的圆，其圆心在已知圆的同心圆上，半径为两圆半径之和。

（　　）82. 在其他组成环不变的情况下，由于本身尺寸增大导致封闭环尺寸增大的组成环为增环。

（　）83. 左右切削法和斜进法不易产生扎刀现象。

（　　）84. Tr40×6（P3）的螺纹升角计算公式为：$\tan\psi=3/(\pi d_2)$。

（　　）85. 车削多头蜗杆，用三针测量时，其中两针应放在相邻的两槽中。

（　　）86. 多线螺纹在计算交换齿轮时，应以线数进行计算。

（　　）87. 加工硬化能提高已经加工表面的硬度、强度和耐磨性，在某些零件中可以改变使用性能。

（　　）88. 背向切削力是产生振动的主要因素。

（　　）89. 粗车时的切削用量，一般是以提高生产率为主，但也应考虑经济性和加工成本。

（　　）90. 砂轮的自励性可补偿其磨削性能，而不能修正其外形失真。

（　　）91. 定位方法所产生的误差称为定位误差。

（　　）92. 组合夹具是由一套预先制造好的具有不同几何形状、不同尺寸规格的高精度标准件和组合件组成的。

（　　）93. 外圆与外圆或内孔与外圆的轴线平行而不重合的零件称为偏心工件。

（　　）94. 车削细长轴工件时，跟刀架的支承爪压得过紧，会使工件产生“竹节形”。

（　　）95. 由于枪孔钻的刀尖偏向一边，刀头刚进入工件时，刀杆会产生扭动，因此必须使用导向套。

（　　）96. 两顶尖装夹长 400mm 的外圆，车至 300mm 时，测得尾座端直径小了 0.03mm，若不考虑刀具磨损因素，当尾座向远离操作者方向偏离 0.02mm 时，能够消除锥度。

（　　）97. 立式车床适于加工径向尺寸小，轴向尺寸大的大型、重型零件。

（　　）98. 车床主轴前后轴承间隙较大，或主轴轴颈的圆度超差，车削时工件会产生圆度超差的缺陷。

（　　）99. 单件和小批量生产时，辅助时间往往消耗单件工时的一半以上。

（　　）100. 生产计划是企业生产管理的依据。

（ ）89. [illegible]

（ ）90. [illegible]

（ ）91. [illegible]

（ ）92. [illegible]

（ ）93. [illegible]

（ ）94. [illegible]

（ ）95. [illegible]

（ ）96. [illegible]400mm[illegible]300mm[illegible]0.03mm[illegible]0.02mm[illegible]

（ ）97. [illegible]

（ ）98. [illegible]

（ ）99. [illegible]

（ ）100. [illegible]

附录D 思考练习及题库答案

单元一

一、选择题

1	2	3	4	5	6	7	8	9	10	11	12	13	14	15	16	17	18	19
A	A	D	B	D	D	D	B	A	C	B	C	B	B	D	D	A	A	A

二、判断题

1	2	3	4	5	6	7	8	9	10	11	12
√	√	√	√	√	√	√	×	×	×	√	√

单元二

一、选择题

1	2	3	4	5	6	7	8	9	10	11	12	13	14	15	16	17	18	19	20
A	C	A	C	D	B	A	B	C	A	D	B	B	B	B	A	C	B	A	B

二、判断题

1	2	3	4	5	6	7	8	9	10	11	12	13	14	15	16	17	18	19	20
√	√	√	√	√	×	×	√	√	√	√	√	√	√	√	√	√	×	√	√

单元三

一、填空题

1. 振动　2. 刀杆厚度　3. 1.2~1.54　4. 圆柱度　5. 振动　6. 圆度　7. A　8. 大　9. 刚性差 10. 降低　11. 二分之一 12. 直线；圆弧　13. 背吃刀量；进给量　14. 增大；减小　15. 主偏角；副偏角　16. 切削力；表面粗糙度　17. 多次定位的工件　18. 刚性；准确　19. 刚性；定心　20. 高些；低些　21. 刀尖强度；散热

二、判断题

1	2	3	4	5	6	7	8	9	10	11	12	13	14	15	16	17
√	√	×	×	×	√	√	×	×	×	√	√	×	√	×	√	√

三、选择题

1	2	3	4	5	6	7	8	9	10	11	12	13	14	15	16	17
B	A	B	C	B	B	B	A	A	C	B	B	B	A	D	A	A

四、简答题

答案略

单元四

一、选择题

1	2	3	4	5	6	7	8	9	10	11	12	13	14	15	16	17	18
B	B	D	C	C	A	B	A	D	C	C	B	D	C	A	D	D	D

二、判断题

1	2	3	4	5	6	7	8	9	10	11	12	13
×	×	√	×	√	×	√	×	√	×	√	√	√

车工理论知识试卷一答案

一、单项选择题

1. C　2. C　3. C　4. A　5. A　6. B　7. A　8. C
9. D　10. C　11. A　12. B　13. C　14. B　15. D　16. A
17. B　18. C　19. B　20. C　21. C　22. B　23. B　24. C
25. D　26. B　27. A　28. C　29. C　30. C　31. C　32. B
33. D　34. A　35. D　36. C　37. B　38. A　39. A　40. C
41. D　42. C　43. C　44. C　45. C　46. D　47. D　48. C
49. B　50. C　51. A　52. D　53. B　54. C　55. A　56. A
57. D　58. B　59. B　60. A　61. D　62. A　63. B　64. C
65. A　66. D　67. C　68. B　69. D　70. C　71. C　72. C
73. D　74. B　75. C　76. A　77. B　78. A　79. A　80. D

二、判断题

81. √　82. ×　83. √　84. √　85. ×　86. ×　87. ×　88. ×
89. √　90. √　91. ×　92. ×　93. √　94. √　95. ×　96. ×
97. ×　98. √　99. ×　100. ×

车工理论知识试卷二答案

一、单项选择题

1. B　2. D　3. A　4. A　5. A　6. A　7. C　8. D
9. A　10. A　11. A　12. C　13. B　14. D　15. C　16. B
17. D　18. D　19. C　20. C　21. D　22. B　23. D　24. B
25. A　26. D　27. B　28. B　29. C　30. B　31. A　32. C
33. B　34. B　35. D　36. B　37. A　38. A　39. C　40. C
41. D　42. B　43. C　44. C　45. C　46. B　47. A　48. A
49. B　50. B　51. C　52. D　53. D　54. D　55. C　56. C
57. B　58. D　59. A　60. B　61. C　62. A　63. C　64. C
65. A　66. B　67. B　68. D　69. A　70. A　71. D　72. C
73. D　74. D　75. A　76. C　77. A　78. C　79. B　80. D

二、判断题

81. √　82. √　83. ×　84. √　85. ×　86. √　87. √　88. √
89. √　90. ×　91. ×　92. √　93. ×　94. ×　95. √　96. ×
97. ×　98. ×　99. √　100. ×

车工理论知识试卷三答案

一、单项选择题

1. A　2. C　3. B　4. B　5. A　6. A　7. B　8. A
9. C　10. C　11. D　12. A　13. A　14. B　15. C　16. D
17. C　18. C　19. A　20. C　21. C　22. B　23. C　24. C
25. C　26. B　27. C　28. B　29. C　30. B　31. B　32. B
33. B　34. C　35. B　36. B　37. D　38. C　39. A　40. D
41. A　42. D　43. B　44. A　45. A　46. C　47. D　48. B
49. A　50. C　51. A　52. C　53. D　54. C　55. B　56. A
57. A　58. D　59. A　60. B　61. D　62. A　63. C　64. A
65. C　66. B　67. C　68. C　69. B　70. B　71. B　72. A
73. B　74. A　75. A　76. B　77. C　78. D　79. B　80. D

二、判断题

81. √　82. √　83. √　84. ×　85. ×　86. ×　87. √　88. √
89. √　90. √　91. √　92. √　93. √　94. √　95. √　96. √
97. ×　98. √　99. √　100. √

附录 E　工序卡片参考参数

______学院	车工一体化教学工艺卡片									车间	机加	共9张
										零件材料		
	产品代号	CGDXJ-A	件号	01	名称	输出轴	工序号	1	工序名称	车外圆端面训练		第1张

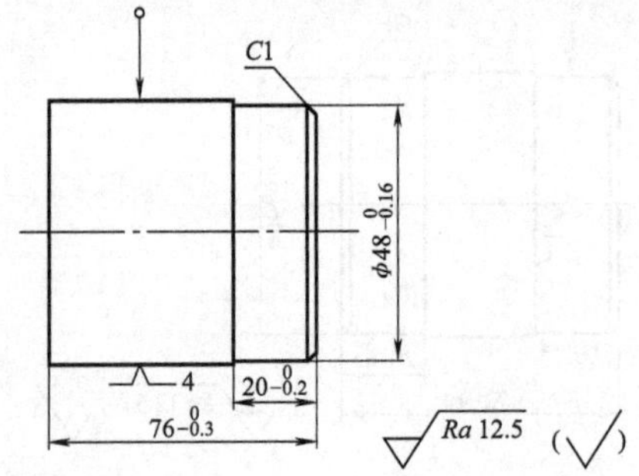

毛坯类型及代号		每件坯数	1
毛坯外形尺寸		切削液	

应知内容提示	
1	车床的日常保养
	1) 每班车床加油
	2) 车床空运转
	3) 每班班后打扫卫生
2	车床的各部分结构
3	纪安要求
4	了解车床的安全操作规程
5	了解砂轮的安全操作规程
6	掌握0~125mm游标卡尺的使用

工步号	工步内容	切削速度 r/min	进给量 mm/r	背吃刀量 mm	走刀次数 次	工艺装备 刀具 名称	刀具 规格	夹具 名称	夹具 规格	量具 名称	量具 规格	设备	
												名称	普通车床
1	装夹(见附图)											型号	CD6140
2	车端面，保证长度$76_{-0.3}^{0}$	200~400	0.1~0.2	1	2	90°车刀	YT15	自定心卡盘	250mm	游标卡尺	0~125mm	编号	
3	车外圆$\phi48_{-0.16}^{0}$，长度$20_{-0.2}^{0}$	200~400	0.1~0.2	1	2	90°车刀	YT15	自定心卡盘	250mm	游标卡尺	0~125mm		
4	倒角$C1$	200~400	手动	1	1	45°车刀	YT15	自定心卡盘	250mm	游标卡尺	0~125mm	工时定额(min)	
5												准备终结	单件定额
6													

更改	标记	处数	文件号	签字	日期	标记	处数	文件号	签字	日期	签字	编制			标检	
												校核			会签	
												审核			批准	

图 E-1

______学院	车工一体化教学工艺卡片							车间	机加	共9张
								零件材料	45钢	
	产品代号	CGDXJ-A	件号	01	名称	输出轴	工序号	2	工序名称	车外圆端面训练	第2张

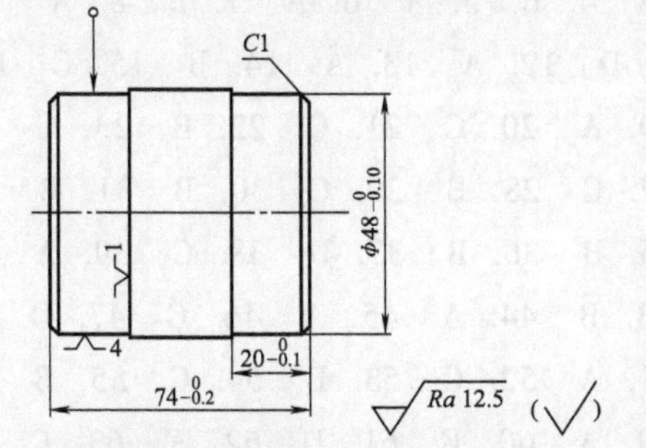

应知内容提示	
1	了解车床的组成、变速、切削用量的调整

毛坯类型及代号	棒料	每件坯数	1
毛坯外形尺寸		切削液	

工步号	工步说明	切削速度 r/min	进给量 mm/r	背吃刀量 mm	走刀次数 次	刀具名称	刀具规格	夹具名称	夹具规格	量具名称	量具规格	设备	
1	装夹(见附图)											名称	普通车床
2	车端面，保证总长$74_{-0.2}^{0}$	200～400	0.1～0.3	2	2	90°车刀	YT15	自定心卡盘	250mm	游标卡尺	0~125mm	型号	CD6140
3	车外圆$\phi48_{-0.1}^{0}$，长度$20_{-0.1}^{0}$	200～400	0.1～0.3	1	2	90°车刀	YT15	自定心卡盘	250mm	游标卡尺	0~125mm	编号	
4	倒角$C1$	200～400	手动	1	1	45°车刀	YT15	自定心卡盘	250mm	游标卡尺	0~125mm	工时定额(min)	
5												准备终结	单件定额
6													

更改	标记	处数	文件号	签字	日期	标记	处数	文件号	签字	日期	签字	编制		标检	
												校核		会签	
												审核		批准	

图 E-2

______学院	车工一体化教学工艺卡片							车间	机加	共9张
								零件材料	45钢	
	产品代号	CGDXJ-A	件号	01	名称	输出轴	工序号	3	工序名称	车外圆端面训练	第3张

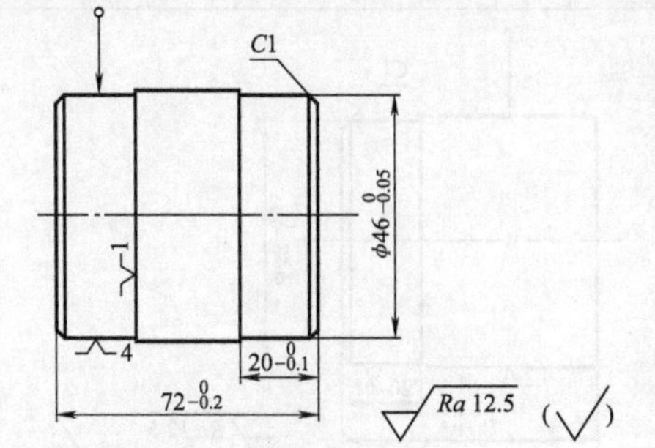

应知内容提示	
1	千分尺的结构、读数原理及使用

毛坯类型及代号	棒料	每件坯数	1
毛坯外形尺寸		切削液	

工步号	工步说明	切削速度 r/min	进给量 mm/r	背吃刀量 mm	走刀次数 次	刀具名称	刀具规格	夹具名称	夹具规格	量具名称	量具规格	设备	
1	装夹(见附图)											名称	普通车床
2	车端面，保证总长$72_{-0.2}^{0}$	450～600	0.1～0.2	2	1	90°车刀	YT15	自定心卡盘	250mm	游标卡尺	0~125mm	型号	CD6140
3	车外圆$\phi46_{-0.05}^{0}$，长度$20_{-0.1}^{0}$	450～600	0.1～0.2	1	1	90°车刀	YT15	自定心卡盘	250mm	千分尺	25~50mm	编号	
4	倒角$C1$	450～600	手动	1	1	45°车刀	YT15	自定心卡盘	250mm	游标卡尺	0~125mm	工时定额(min)	
5												准备终结	单件定额
6													

更改	标记	处数	文件号	签字	日期	标记	处数	文件号	签字	日期	签字	编制		标检	
												校核		会签	
												审核		批准	

图 E-3

______学院	车工一体化教学工艺卡片								车间	机加	共9张
									零件材料	45钢	
	产品代号	CGDXJ-A	件号	01	名称	输出轴	工序号	4	工序名称	车外圆端面训练	第4张

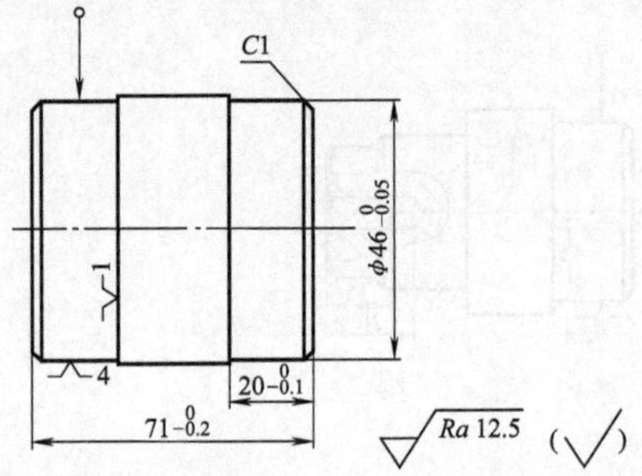

应知内容提示

毛坯类型及代号	棒料	每件坯数	1
毛坯外形尺寸		切削液	

工步号	工步说明	切削速度 r/min	进给量 mm/r	背吃刀量 mm	走刀次数 次	刀具名称	刀具规格	夹具名称	夹具规格	量具名称	量具规格	设备	
												名称	普通车床
1	装夹(见附图)											型号	CD6140
2	车端面，保证总长71$_{-0.2}^{0}$	450～600	0.1	1	2	90°车刀	YT15	自定心卡盘	250mm	游标卡尺	0～125mm	编号	
3	车外圆ϕ46$_{-0.05}^{0}$，长度20$_{-0.1}^{0}$	450～600	0.1	1	2	90°车刀	YT15	自定心卡盘	250mm	千分尺	25～50mm		
4	倒角C1	450～600	手动	1	1	45°车刀	YT15	自定心卡盘	250mm	游标卡尺	0～125mm	工时定额(min)	
5												准备终结	单件定额
6													

更改	标记	处数	文件号	签字	日期	标记	处数	文件号	签字	日期	签字	编制		标检	
												校核		会签	
												审核		批准	

图 E-4

______学院	车工一体化教学工艺卡片								车间	机加	共9张
									零件材料	45钢	
	产品代号	CGDXJ-A	件号	01	名称	输出轴	工序号	5	工序名称	车外圆和台阶	第5张

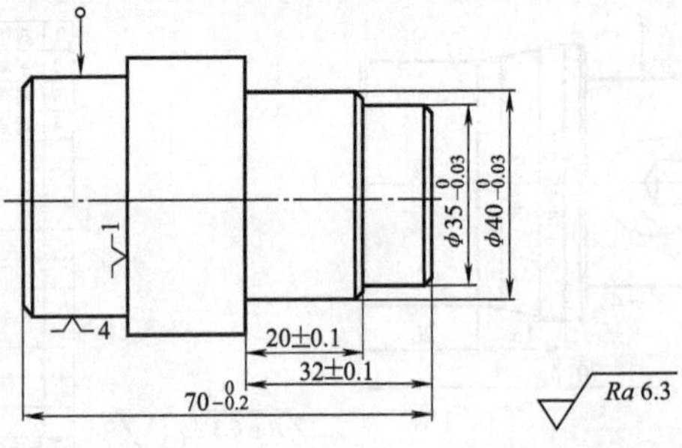

未注倒角C1。

应知内容提示	
1	台阶长度的保证

毛坯类型及代号	棒料	每件坯数	1
毛坯外形尺寸		切削液	

工步号	工步说明	切削速度 r/min	进给量 mm/r	背吃刀量 mm	走刀次数 次	刀具名称	刀具规格	夹具名称	夹具规格	量具名称	量具规格	设备	
												名称	普通车床
1	装夹(见附图)											型号	CD6140
2	车端面，保证总长70$_{-0.2}^{0}$	450～600	0.1	1	2	90°车刀	YT15	自定心卡盘	250mm	游标卡尺	0～125mm	编号	
3	车外圆ϕ40$_{-0.03}^{0}$，长度32±0.1	450～600	0.1	3	3	90°车刀	YT15	自定心卡盘	250mm	千分尺	25～50mm		
4	车外圆ϕ35$_{-0.03}^{0}$，长度20±0.1	450～600	0.1	2.5	3	90°车刀	YT15	自定心卡盘	250mm	千分尺	25～50mm	工时定额(min)	
5	倒角C1	450～600	手动	1	1	45°车刀	YT15	自定心卡盘	250mm	游标卡尺	0～125mm	准备终结	单件定额
6													

更改	标记	处数	文件号	签字	日期	标记	处数	文件号	签字	日期	签字	编制		标检	
												校核		会签	
												审核		批准	

图 E-5

____学院	车工一体化教学工艺卡片								车间	机加	共9张
									零件材料	45钢	
	产品代号	CGDXJ-A	件号	01	名称	输出轴	工序号	6	工序名称	钻孔、攻丝	第6张

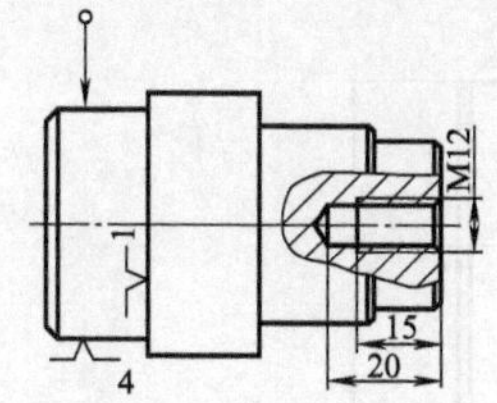

应知内容提示	
1	中心钻的类型及应用
2	攻螺纹的注意事项
3	攻螺纹长度与螺纹底孔长度的关系

毛坯类型及代号	棒料	每件坯数	1
毛坯外形尺寸		切削液	

工步号	工步说明	切削速度 r/min	进给量 mm/r	背吃刀量 mm	走刀次数 次	刀具名称	刀具规格	夹具名称	夹具规格	量具名称	量具规格	设备	
1	装夹(见附图)											名称	普通车床
												型号	CD6140
2	钻中心孔A3	560～800	手动		1	中心钻	A3	自定心卡盘	250mm	游标卡尺	0～125mm	编号	
3	钻底孔 ϕ10.2	150～200	手动	5.1	1	麻花钻	ϕ10.2	自定心卡盘	250mm	游标卡尺	0～125mm		
4	攻螺纹M12(关闭电源)		手动	0.085	1	丝锥	M12×1.75	自定心卡盘	250mm	螺纹塞规	M12×1.75	工时定额(min)	
5												准备终结	单件定额
6													

更改	标记	处数	文件号	签字	日期	标记	处数	文件号	签字	日期	签字	编制		标检	
												校核		会签	
												审核		批准	

图 E-6

____学院	车工一体化教学工艺卡片								车间	机加	共9张
									零件材料	45钢	
	产品代号	CGDXJ-A	件号	01	名称	输出轴	工序号	7	工序名称	车锥度	第7张

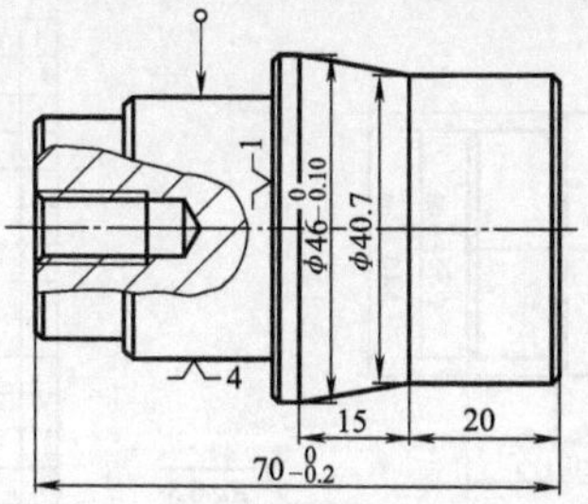

$\sqrt{Ra\ 6.3}$ ($\sqrt{}$)

应知内容提示	
1	圆锥的计算公式
2	米制圆锥、英制圆锥
3	圆锥的加工方法
4	圆锥的检测方法

毛坯类型及代号	棒料	每件坯数	1
毛坯外形尺寸		切削液	

工步号	工步说明	切削速度 r/min	进给量 mm/r	背吃刀量 mm	走刀次数 次	刀具名称	刀具规格	夹具名称	夹具规格	量具名称	量具规格	设备	
1	装夹(见附图)											名称	普通车床
												型号	CD6140
2	车外圆 $\phi46^{\ 0}_{-0.1}$	450～600	0.1～0.2	0.5	4	90°车刀	YT15	自定心卡盘	250mm	游标卡尺	0～125mm	编号	
3	车外圆ϕ40.7，保证20	450～600	0.1～0.2	0.6	4	90°车刀	YT15	自定心卡盘	250mm	游标卡尺	0～125mm		
4	车锥面	450～600	手动		2	90°车刀	YT15	自定心卡盘	250mm	游标卡尺	0～125mm	工时定额(min)	
5												准备终结	单件定额
6													

更改	标记	处数	文件号	签字	日期	标记	处数	文件号	签字	日期	签字	编制		标检	
												校核		会签	
												审核		批准	

图 E-7

______学院	车工一体化教学工艺卡片									车间	机加	共9张
										零件材料	45钢	
	产品代号	CGDXJ-A	件号	01	名称	输出轴	工序号	8	工序名称	镗孔		第8张

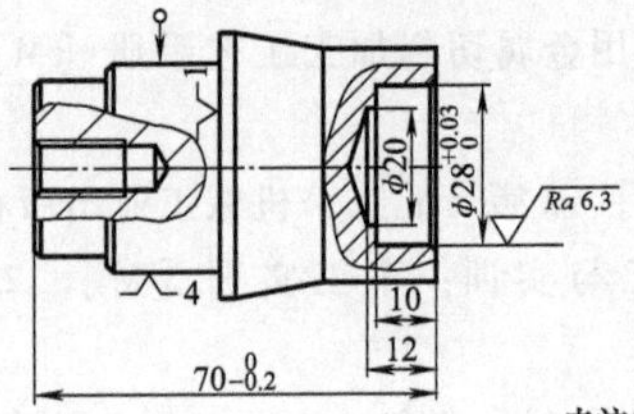

未注倒角C1。

应知内容提示

1. 通孔镗刀与盲孔镗刀
2. 镗孔时的注意事项
3. 扩孔时的注意事项
4. 塞规的正确使用
5. 盲孔镗刀角度与排屑方向及已加工表面粗糙度的关系

毛坯类型及代号	棒料	每件坯数	1
毛坯外形尺寸		切削液	

工步号	工步说明	切削速度 r/min	进给量 mm/r	背吃刀量 mm	走刀次数 次	刀具 名称	刀具 规格	夹具 名称	夹具 规格	量具 名称	量具 规格	设备	
												名称	普通车床
1	装夹(见附图)											型号	CD6140
2	钻中心孔A3	700～900	手动			中心钻	A3	自定心卡盘	250mm	游标卡尺	0~125mm	编号	
3	钻φ20孔，深度20mm	220～280	手动	10	1	麻花钻	φ20	自定心卡盘	250mm	游标卡尺	0~125mm		
4	镗$\phi 28^{+0.03}_{0}$孔,保证深度10mm	450～500	0.1～0.5	4	4	90°内孔镗刀	YT15	自定心卡盘	250mm	内径千分尺	25~50mm	工时定额(min)	
5	孔口倒角C1	450～500	手动			45°内孔镗刀	YT15	自定心卡盘	250mm	游标卡尺	0~125mm	准备终结	单件定额
6													

更改	标记	处数	文件号	签字	日期	标记	处数	文件号	签字	日期	签字	编制		标检	
												校核		会签	
												审核		批准	

图 E-8

______学院	车工一体化教学工艺卡片									车间	机加	共9张
										零件材料	45钢	
	产品代号	CGDXJ-A	件号	01	名称	输出轴	工序号	9	工序名称	车螺纹		第9张

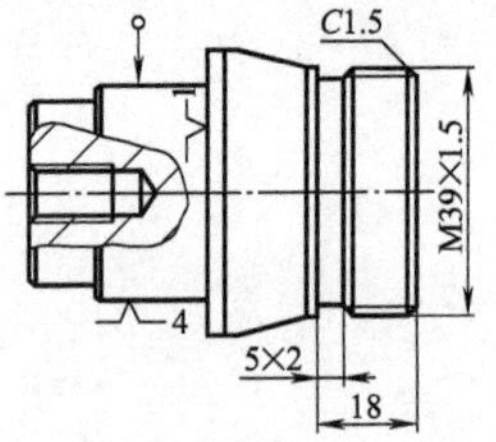

应知内容提示

1. 螺纹的种类，螺纹刀的几何角度以及刀号
2. 螺纹刀的安装以及螺距的调整
3. 螺纹的乱牙原因及其预防
4. 螺纹的倒顺车法及提开合螺母加工螺纹
5. 螺纹的分度
6. 螺纹的检测
7. 切断刀与切槽宽度的关系

毛坯类型及代号	棒料	每件坯数	1
毛坯外形尺寸		切削液	

工步号	工步说明	切削速度 r/min	进给量 mm/r	背吃刀量 mm	走刀次数 次	刀具 名称	刀具 规格	夹具 名称	夹具 规格	量具 名称	量具 规格	设备	
												名称	普通车床
1	装夹(见附图)											型号	
2	车外圆$\phi 39^{0}_{-0.1}$，保证18	600	0.1～0.2	0.85	1	90°车刀	YT15	自定心卡盘	250mm	游标卡尺	0~125mm	编号	CD6140
3	车槽5×2，保证18	450	手动	2	1	切槽刀	YT15	自定心卡盘	250mm	游标卡尺	0~125mm		
4	车螺纹M39×1.5	150	1.5	0.975		螺纹车刀	YT15	自定心卡盘	250mm	螺纹环规	M39×1.5	工时定额(min)	
5												准备终结	单件定额
6													

更改	标记	处数	文件号	签字	日期	标记	处数	文件号	签字	日期	签字	编制		标检	
												校核		会签	
												审核		批准	

图 E-9

参考文献

[1] 乔立新. 车工工艺学 [M]. 长沙：湖南大学出版社，2010.

[2] 李遇昌，曾庆享. 金属切削加工 [M]. 成都：成都科技大学出版社，1988.

[3] 陈家芳，曹志鸿，唐益萍. 实用金属切削加工工艺手册 [M]. 3版. 上海：上海科学技术出版社，2006.

[4] 袁锋. 数控车床培训教程 [M]. 2版. 北京：机械工业出版社，2005.

[5] 陈勇武，宦小玉. 金属加工与实训：车工实训 [M]. 2版. 北京：中国铁道出版社，2010.

[6] 朱绍胜，朱静. 车工实训教程 [M]. 北京：化学工业出版社，2016.

[7] 薛铎. 车工实训实用教程 [M]. 北京：北京航空航天大学出版社，2013.

[8] 鲍光明，魏平. 车工实训指导 [M]. 3版. 合肥：安徽科学技术出版社，2011.

[9] 万锡寿，佘华英. 车工实习与考级 [M]. 2版. 北京：高等教育出版社，2012.

[10] 浙江省教育厅职成教教研室. 普通车床加工技术 [M]. 北京：高等教育出版社，2010.

[11] 设备维护丛书编审委员会. 普通车床维护 [M]. 上海：上海科学技术出版社，1991.

[12] 郭恒. 普通车床操作实训教程 [M]. 西安：西北工业大学出版社，2009.

[13] 胥进，周玉. 普通车床加工技术 [M]. 2版. 北京：北京理工大学出版社，2016.

[14] 陈春，孙广奇. 普通机床加工技术与实践 [M]. 北京：冶金工业出版社，2015.

[15] 王瑞泉，张文健. 普通车床实训教程 [M]. 北京：北京理工大学出版社，2008.

[16] 薛翰，陈德顺. 车工工艺与技能训练 [M]. 北京：机械工业出版社，2021.